W0209392

Edgar Geffroy · Barbara Geffroy
Die neue Macht der Mitarbeiter

Edgar Geffroy · Barbara Geffroy

Die neue Macht der Mitarbeiter

Wie man Mitarbeiter gewinnt, begeistert und hält

GABAL

Bibliografische Information der Deutschen Nationalbibliothek
Die Deutsche Nationalbibliothek verzeichnet diese Publikation in der Deutschen Nationalbibliografie; detaillierte bibliografische Daten sind im Internet über http://dnb.d-nb.de abrufbar.

ISBN 978-3-86936-756-9

Lektorat: Dr. Michael Madel, Ruppichteroth
Umschlaggestaltung: Martin Zech Design, Bremen | www.martinzech.de
Titelillustration: worldartsme.com
Autorenfotos: Geffroy GmbH
Satz und Layout: Das Herstellungsbüro, Hamburg | www.buch-herstellungsbuero.de
Druck und Bindung: Salzland Druck, Staßfurt

Erweiterte und überarbeitete Neuausgabe des 2004 erschienenen Buches von Barbara Geffroy:
Auf der Suche nach dem richtigen Mitarbeiter. Clienting Inside – der neue Erfolgsfaktor Mensch

Copyright © 2017 GABAL Verlag GmbH, Offenbach
Alle Rechte vorbehalten. Vervielfältigung, auch auszugsweise, nur mit schriftlicher Genehmigung des Verlages.

www.gabal-verlag.de
www.twitter.com/gabalbuecher
www.facebook.com/Gabalbuecher

Inhalt

Persönliche Vorbemerkung von Edgar K. Geffroy

33 Jahre sind eine lange Zeit als Berater. So lange bin ich bereits »ein einsamer Rufer in der Wüste«, namentlich der »Servicewüste Deutschland«. In dieser Zeit haben wir das *Clienting*®-Konzept entwickelt, und unsere Bücher werden mittlerweile in vielen Ländern bis nach China gelesen. Gerade die Startphase des *Clienting*®-Konzeptes Anfang der 1990er-Jahre war mit vielen Problemen behaftet. Jeder Innovator wird ein Lied davon singen können. Wer Etabliertes infrage stellt, muss mit allem rechnen. Durch die Provokation »*Clienting*® ersetzt Marketing« wurde ein Sturm der Entrüstung entfacht, der bis zur persönlichen Beleidigung ging.

Ganz so einsam war ich allerdings doch nicht. Meine Frau hat mich damals unterstützt, und sie war es, die von Anfang an überzeugt war, dass wir auf dem richtigen Weg sind.

> **!** **In unserem *Clienting*®-Konzept spielt der Mensch die entscheidende Rolle. Wir sehen im Kunden einen Partner. Wir wollen helfen und nicht dienen. Wir wollen ihn verblüffen und begeistern – und nicht nur zufriedenstellen. Mittlerweile haben viele Firmen diese Thesen von uns übernommen und konnten so ihr Wachstum neu definieren.**

Nun, die Welt hat sich geändert. Der Kunde spielt heute in den meisten Unternehmen die entscheidende Rolle. Doch auch hier gilt: Alles fließt. Unternehmen müssen sich permanent neuen Herausforderungen stellen, insbesondere in den vor uns liegenden schwierigen

Zeiten, in denen die Rahmenbedingungen ständig wechseln werden und die Komplexität der Probleme zunehmen wird. Da liegt es nahe, sich mit dem nächsten brennenden Problem zu beschäftigen und den nächsten Engpass aufzugreifen, der sich durch die Mitarbeiterinnen und Mitarbeiter ergibt: Für viele Unternehmen sind heute die fehlenden »richtigen« Mitarbeiter die größte Wachstumsbremse. (Übrigens: Um den Lesefluss zu erleichtern, erlauben wir uns, im Folgenden von den »Mitarbeitern« zu sprechen. Dabei sind natürlich die »Mitarbeiterinnen« mit gemeint – und das gilt auch für andere Begriffe wie »Kunde« und »Unternehmer«.)

Schon früh konnten wir erkennen, dass viele Grundideen des *Clienting*®-Konzeptes nach innen genauso gelten wie nach außen. Daraus entstand das *Employer Clienting*®-Konzept, bei dem der Mensch im Unternehmen die entscheidende Schlüsselrolle spielt. Meine Frau, ausgebildet als psychologische Beraterin, beschäftigt sich bereits seit Jahren intensiv mit Personalrecruiting und Mitarbeiterförderung. Ihr verdanke ich es, dass ich nach Jahren voller Erfahrungen mit *Selfmade*-Einstellungen endlich ein engagiertes und motiviertes Mitarbeiterteam habe. Wir arbeiten mittlerweile mit den Mitarbeitern zusammen, die uns helfen, unsere Unternehmensziele zu verwirklichen. Dabei haben uns auch die Methoden geholfen, die wir Ihnen hier vorstellen möchten.

Mehr und mehr Kunden wissen den Vorteil eines »Mitarbeiters« in der heutigen Zeit zu schätzen. Aber damit stehen wir erst am Anfang. Während wir aus Kundensicht unser *Clienting*®-Konzept auf die neuen Herausforderungen des Kaufens und Verkaufens im Internet ausrichten und davon überzeugt sind, dass die Geschäftsbeziehungen sich dadurch völlig verändern werden – Stichwort *Clienting® Interactive* –, werden wir mit dem *Employer Clienting*®-Konzept den Mitarbeiterbeziehungen und damit dem wichtigsten Erfolgsfaktor in zukünftigen Unternehmen den richtigen Stellenwert geben. Wir sind überzeugt, dass wir hier erst am Anfang stehen. Das haben die Erfahrungen gezeigt, die wir mit dem Buch *Herzenssache Mitarbeiter* gemacht haben. Gemeinsam mit Doris Albiez, der Geschäftsführerin von Dell Deutschland, wurde dieses Buch geschrieben und in einer Kampagne und einer Roadshow umgesetzt. Die Reaktionen der Zuhörer zeigen eindeutig, dass der Mitarbeiter in den Unternehmen noch nicht die Rolle spielt, die ihm eigentlich zusteht.

Ich wünsche Erfolg für eine Welt, in der Menschen eine Schlüsselrolle spielen werden. Drinnen und draußen.

Ihr Edgar K. Geffroy

Vorwort

Wir leben in einer Zeit permanenter Veränderungen und der digitalen Revolution. Was früher Jahre dauerte, ändert sich heute in Monaten, vielleicht sogar in Wochen oder Tagen. Kein Stein wird mehr auf dem anderen bleiben. Die Manager müssen in der digitalen Welt lernen, mit den Mitarbeitern ganz neue Wege zu gehen.

In der *New Economy*-Ära wurden in vielen Unternehmen die Mitarbeiter knapp. Sie bekamen plötzlich einen hohen Stellenwert in den Unternehmen und wurden sogar zum Engpassfaktor, denn viele Unternehmen konnten nicht wachsen, weil ihnen qualifizierte Mitarbeiter fehlten.

Nur wenige Jahre später hat sich der Arbeitsmarkt völlig gedreht: Auf jedes oder fast jedes Stellenangebot kommen Hunderte oder Tausende von Bewerbern. Zurzeit herrscht der Eindruck vor, die Personalrekrutierung sei wieder *business as usual*. Doch das ist ein Trugschluss!

> ! **Noch in diesem Jahrzehnt werden Unternehmen geschlossen werden, und zwar nicht, weil es an Kunden, sondern weil es an den richtigen Mitarbeitern fehlt.**

Das hat mehrere Gründe. Einerseits wird die Überalterung der Gesellschaft dazu führen, dass zu wenig junge Leute nachrücken. Andererseits werden Mitarbeiter, die über neu geforderte Kompetenzen und Qualifikationen verfügen, knapp. Und drittens wird der Anspruch an Unternehmen in Richtung Partnerschaft, Mitverantwortung und Erfolgsbeteiligung steigen.

Doch es gibt in Bezug auf das Thema »Mitarbeiter« noch eine andere Perspektive: Wer ist mit Blick auf die digitale Transformation in Zukunft ersetzbar? Was können Software, Computer und Roboter in den nächsten zwanzig Jahren leisten? Welche Jobs haben einen hohen, welche eher einen niedrigen Automatisierungsgrad? Und ganz wichtig dabei: Wie verhalten wir uns bei der Abwägung zwischen Kostensenkung und Sozialverträglichkeit? Digitale Kollegen sind heute schon in vielen Bereichen aktiv, zum Beispiel in der Lagerhaltung. Überall dort, wo sie uns körperlich schwere, gefährliche oder andere eher unangenehme Arbeiten abnehmen, sind sie gern gesehen. In allen anderen Bereichen hat unsere Willkommenskultur ihre Grenzen. Und an vielen Stellen können wir uns eine Roboterkraft nicht einmal vorstellen, weil sie gar nicht über die notwendige emotionale Intelligenz verfügt. Vorerst zumindest scheinen die Berufe sicher zu sein, in denen es auf Kreativität und Kombinationsfähigkeit ankommt, um Lösungen zu finden, die sich nicht von Computerhirnen berechnen lassen, sondern auf dem Urteilsvermögen des gesunden Menschenverstands basieren. Hoch qualifizierte Mitarbeiter mit Lösungskompetenz werden also weiterhin die begehrteste Gruppe auf dem Arbeitsmarkt stellen.

> **Der neue Mitarbeiter wird sich seiner Bedeutung für den Erfolg des Unternehmens bewusst sein und sein Recht fordern – wenn er der richtige ist.**

An der Stelle setzt dieses Buch an. *Die neue Macht der Mitarbeiter* will neue Denkanstöße liefern, warum und wie die Personalsuche und die Mitarbeiterqualifikation systematisiert werden müssen. Die Bandbreite zukünftiger Mitarbeiterpartnerschaften reicht von der Einstellung über die Ausbildung bis zur optimalen Potenzialausschöpfung.

Denn eines steht fest:

> **!** **In der neuen Wirtschaft wird der Mitarbeiter zum zentralen Erfolgsfaktor.**

Mit *Employer Clienting*® übertragen wir unsere Erfahrungen im Umgang mit Kunden auf Mitarbeiter. Mittlerweile hat das vom Geffroy-Team entwickelte *Clienting*®-Konzept weltweit Anerkennung gefunden, weil wir dem Kerngeschäft »Mensch« den höchsten Stellenwert einräumen. Amerikanische Autoren reden jetzt vom Jahrzehnt des Kunden, der *Customer Economy*. Wir sehen dieses Jahrzehnt jedoch eher als das der *Human Economy*. Der Mensch wird zum ersten Mal drinnen und draußen die entscheidende Schlüsselrolle spielen.

Dieses Buch ist eine Teamleistung. Wir danken von ganzem Herzen Dirk Lambach, der dieses Buch von Anfang an redaktionell begleitet hat. Ihm ist es zu verdanken, dass Termine eingehalten wurden und der rote Faden immer beibehalten wurde. Und wir danken Catrin Pulver für die gesamte Koordination dieses Buches.

Wir sind überzeugt, dass die erfolgreichen Unternehmen der Zukunft dem Menschen eine andere Rolle zusprechen werden als bisher. Warum der richtige Mitarbeiter dabei zum zentralen Schlüsselfaktor wird, lesen Sie in diesem Buch.

Wir wünschen Ihnen viel Erfolg.

Edgar K. Geffroy und Barbara Geffroy

EINFÜHRUNG

Clienting® und Employer Clienting®

»Sie möchten eine möglichst niedrige Personal-Fluktuationsrate haben? Wieso stellen Sie dann immer nur Leute ein, die jeder haben möchte?«

WILFRIED SCHLICHTHER

Mitarbeiterauswahl heute

Seit etlichen Jahrzehnten verfahren Unternehmen bei der Auswahl von Mitarbeitern nach den gleichen Kriterien: Entscheidend sind Ausbildungsqualifikationen, Zeugnisse, Erfahrungen und das, was wir den »Nasenfaktor« nennen – also ein unbestimmtes Element der »Sympathie«, das häufig den letzten Ausschlag gibt, einen Bewerber einzustellen oder nicht.

Auf der anderen Seite befindet sich unsere Wirtschafts- und Unternehmenswelt in einem großen Wandel, der bisher nicht seinesgleichen kennt: Infolge der in allen Branchen vorhandenen Marktsättigung, durch firmeninterne Umstrukturierungen, durch Fusionen und aufgrund ständig steigender Personalnebenkosten schwappen nie gekannte Entlassungswellen über die Unternehmen hinweg. So müssen immer mehr und immer komplexere Aufgaben von immer weniger Mitarbeitern bewältigt werden. Die digitale Revolution sorgt noch einmal für zusätzliche Herausforderungen.

Ein Zusammenhang zwischen diesen beiden Faktoren – den Kriterien der Mitarbeiterauswahl und dem Wandel in den Unternehmen – wurde unseres Wissens bisher noch nicht hergestellt, und doch ist er unübersehbar vorhanden:

> **!** **Je weniger Mitarbeiter die Unternehmen zur Bewältigung ihrer Aufgaben zur Verfügung haben, desto mehr kommt es darauf an, dass die richtigen Mitarbeiter an der richtigen Stelle eingesetzt werden. Denn nur so können die Produktivität und das Wachstum der Unternehmen erhalten bleiben.**

Wir behaupten, dass die klassischen althergebrachten Methoden der Personalauswahl unzureichend und kontraproduktiv sind, weil sie am Wesentlichen vorbeigehen. Die Methoden werden dem anhaltenden Wandel in den Unternehmen nicht mehr gerecht und greifen umso weniger, je größer die Anzahl der Bewerber auf eine einzelne Stelle ist. Wer sich allein auf Ausbildung, Zeugnisse, Erfahrung und den »Nasenfaktor« verlässt, hat keine Gewähr, dass die richtigen Mitarbeiter an der richtigen Stelle eingesetzt werden – im Gegenteil. Häufig ist es Zufall, ob Mitarbeiter wirklich dort eingesetzt werden, wo sie dem Unternehmen den größten Nutzen bieten können. Häufig ist es auch Zufall, ob überhaupt die richtigen Mitarbeiter eingestellt wurden. Warum ist das so?

- *Ausbildungen* sind aufgrund ihrer »Normierung« für alle gleich: Alle müssen dieselben Fakten lernen und dieselben Prüfungen in denselben Fächern im selben Zeitraum ablegen. Daher sagt der »formale« Erwerb einer Ausbildungs- bzw. Berufsqualifikation rein gar nichts über die individuellen Stärken des Einzelnen aus: Was kann er in seinem Beruf besonders gut, welche Aspekte oder Teilbereiche liegen ihm besonders? Mag er überhaupt seinen Beruf oder hat er ihn nur auf Druck seiner Eltern oder Lehrer erlernt? Ist der Betreffende teamfähig oder nicht? Welche Rolle kann er in einem Team spielen? Über welche Softskills – zum Beispiel Durchsetzungsvermögen, Kreativität, Willensstärke, Stressstabilität, Begeisterungsfähigkeit, Integrität – verfügt er? In Zukunft wird es immer mehr um die Frage gehen, über welche emotionale Intelligenz der Bewerber verfügt.

- *Berufliche Erfahrungen,* die heutzutage bei Bewerbungen eine so überaus große Rolle spielen, sind ebenfalls kein verlässliches Entscheidungskriterium bei der Einstellung. Der Bewerber hat seine Erfahrungen ja zumeist in denjenigen Bereichen erworben, in denen er von seinen vorherigen Arbeitgebern eingesetzt wurde. Aber wer garantiert, dass der Bewerber in seinen früheren Jobs tatsächlich eine optimale Position eingenommen hat, dass er dort der richtige Mitarbeiter am richtigen Platz war? Oft war er es nicht, denn sonst wäre er vielleicht nicht entlassen worden. Also verfügt der Bewerber möglicherweise über viel Erfahrung, aber in den »falschen« Bereichen, während andererseits seine herausragenden Fähigkeiten in den »richtigen« Bereichen in seinen Bewerbungsunterlagen nirgendwo zum Ausdruck kommen.

- *Zeugnisse* sagen auch nicht allzu viel aus. Wie wir wissen, müssen sie immer positiv und zugunsten des Betreffenden formuliert sein, sodass sie ernsthafte Defizite eines Bewerbers in bestimmten Bereichen erst gar nicht erkennen lassen.

- *Assessment-Center* beleuchten nur einzelne Fähigkeiten in Teilbereichen eines Arbeitsgebietes und geben keinen umfassenden Eindruck vom Können eines Kandidaten.

- Personalverantwortlichen sind diese Probleme in der Methodik der Mitarbeiterauswahl bekannt – und darum kommt als Letztes, als Zünglein an der Waage, noch der »Nasenfaktor« hinzu: Weil man nie weiß, ob man wirklich den richtigen Mitarbeiter aus der Flut der Bewerber auf eine Stelle herausgegriffen hat, geht man zuletzt nach Sympathie und Ähnlichkeit: Passt mir die Nase des Kandidaten, denkt und handelt er so wie ich?

Gerade der Nasenfaktor ist besonders gefährlich und kann dazu verleiten, jemanden einzustellen, der nun ganz und gar nicht der richtige Mitarbeiter am richtigen Platz wäre. Warum nicht? Menschen, die einer Führungskraft sympathisch sind, sind ihr zumeist auch ähnlich. Aber im Unternehmen brauchen wir häufig Mitarbeiter, die einer Führungskraft eben nicht ähnlich sind, sondern sie stattdessen ergänzen, um sie in den Bereichen wirkungsvoll zu unterstützen, in denen sie selbst Schwächen hat. Es kommt also ganz wesentlich auf das Team an, in dem jemand eingesetzt wird. Und in einem guten Team ergänzen sich die Fähigkeiten der Mitarbeiter zu einem Ganzen.

> **!** **Zu viele Mitarbeiter mit gleichen oder ähnlichen Fähigkeiten führen nicht zu einem harmonischen Teamganzen, sondern zu einer einseitigen und damit letztlich unproduktiven Ausrichtung des Teams, in dem wichtige Aufgaben unerledigt bleiben oder nur unzureichend bearbeitet werden. Das wiederum führt zu Konflikten und Reibungsverlusten im Unternehmen, die an der Produktivität zehren.**

Funktioniert es im Team oder zwischen den Mitarbeitern nicht richtig, so glaubt man häufig, es käme lediglich auf die richtige »Motivation« an. Doch Mitarbeitermotivation kann nicht wettmachen, was schon bei der Personalauswahl oder durch Entlassungen versäumt wurde!

Personalmanagement auf Abwegen

Aber nicht nur mit den Einstellungsmethoden, sondern auch mit den Entlassungen befindet sich das heutige Personalmanagement häufig auf Abwegen, denn es steht überwiegend im Zeichen der Kostenreduktion. Mitarbeiter werden, insbesondere bei Großunternehmen und Konzernen, allzu oft nur als Kostenfaktoren betrachtet, ohne dass man ihr wahres Potenzial erkennt und nutzt. Bei lahmender Konjunktur oder Umsatzrückgängen kommt es dann viel zu schnell zu Entlassungen.

Wenn 20 Prozent der Belegschaft entlassen werden, müssen die verbleibenden 80 Prozent die Mehrarbeit kompensieren. Vordergründig und kurzfristig erzielen die Unternehmen höhere Gewinne, doch das geht maximal drei Jahre gut. Dann stehen die Unternehmen vor einem Scherbenhaufen. Denn:

> **!** **Mit jedem entlassenen Mitarbeiter geht wichtiges Wissenspotenzial verloren, und es werden Anteile an Kunden- und Partnernetzwerken abgezogen, was zu einer Schwächung des Unternehmens führt.**

Die Folgekosten des Personalabbaus werden allgemein stark unterschätzt. Entlassungen bringen Unruhe und Unsicherheit unter den verbleibenden Mitarbeitern, das Vertrauen in die Führungsmannschaft schwindet und die verbleibenden Mitarbeiter solidarisieren sich mit den entlassenen. Wenn sich das Betriebsklima verschlechtert, die Loyalität gegenüber dem Arbeitgeber und auch die Motivation sinken, bewirkt dies wiederum einen Leistungsabfall. Die Gefahr liegt weiterhin im Verlust wirklich fähiger und motivierter Mitarbeiter, die sich – zwar nicht entlassen, aber nun frustriert und demotiviert – nach einem neuen Job umschauen und das »sinkende Schiff« bei der erstbesten Gelegenheit verlassen. Der *Brain-Drain* setzt sich weiter fort und führt geradewegs in eine Krise, aus der es oft kein Entrinnen mehr gibt.

Ist der Personalabbau vollzogen, kann es sein, dass die anspringende Konjunktur bereits wieder die Einstellung der gerade entlassenen qualifizierten Arbeitskräfte erfordert. Die zunächst eingesparten Kosten werden dann oftmals nachträglich doppelt und dreifach in die Gewinnung und Einstellung neuer Mitarbeiter hineingebuttert, die mithilfe von Personalberatern erst erneut gefunden werden müssen. Das haben schon viele Unternehmen erlebt, die glaubten, mit *Outsourcing* gut zu fahren. Nach wenigen Jahren wurden outgesourcte Kompetenzen wieder ins Unternehmen zurückgeholt. Kernaktivitäten müssen grundsätzlich im Unternehmen bleiben und mit eigenen Leuten besetzt werden, die auch in Krisensituationen nicht entlassen werden dürfen, wenn das Unternehmen nicht Schaden nehmen soll.

Employer Clienting® – die Beziehung zu den Mitarbeitern ist entscheidend

Employer Clienting® distanziert sich von solchen Formen der Personalpolitik und betrachtet Mitarbeiter als wertvolles Kapital des Unternehmens, das gepflegt werden muss. *Employer Clienting*® möchte Sie dabei unterstützen, die richtigen Mitarbeiter an die richtige Stelle zu setzen, und Sie außerdem befähigen, bereits bei der Personalauswahl zu erkennen, welche Bewerber die richtigen sein könnten und welche von vornherein ausscheiden. Wir stellen hier nicht nur die klassischen Methoden der Personalauswahl infrage, sondern zeigen Ihnen brauchbare Alternativen auf, die Sie in Ihrem Unternehmen leicht und unkompliziert einsetzen können.

Wir wenden uns vor allem an mittelständische Unternehmen, die ihre Personalauswahl noch nicht an externe Berater delegiert haben und die auf der Suche sind nach zuverlässigen und aussagekräftigen Instrumenten der Personalauswahl. Oder einfach an alle Unternehmen, die im Mitarbeiter den wichtigsten Aktivposten für ihre Zukunft sehen.

Den Begriff *Employer Clienting®* verwenden wir analog zu *Clienting®*: Ersterer bezieht sich auf die Beziehung zu Mitarbeitern, letzterer auf die Beziehung zu Kunden. 1995 haben wir erstmalig in dem Buch zu dem Thema »Clienting« den Weg zum Kundenerfolg folgendermaßen definiert: »Clienting ist der systematische Aufbau einer neuartigen Verschmelzung mit Kunden durch die Dimensionen Beziehungsnetzwerke und persönliche sowie elektronische Informationsnetzwerke. Damit ist die Beziehungsqualität zum Kunden der wichtigste Aktivposten zukünftiger Firmenbilanzen.« Kunden werden demnach als Partner angesehen, mit denen das Unternehmen in einem Netzwerk zusammenarbeitet. Analog dazu steht bei *Employer Clienting®* der Mitarbeiter im Mittelpunkt:

Employer Clienting® **ist der systematische Aufbau einer neuartigen Verschmelzung von Mitarbeitern und Führungskräften über die Dimension eines Beziehungsnetzwerkes und persönliche sowie elektronische Informationsnetzwerke. Damit ist die Beziehungsqualität zwischen den Mitarbeitern und Führungskräften das Zünglein an der Waage für unternehmerischen Erfolg.**

Mitarbeiter sind Partner des Unternehmens. Wenn das Unternehmen den Mitarbeitern hilft, erfolgreicher und zufriedener zu werden, stärkt es zugleich seine Produktivität sowie Profitabilität und wird damit erfolgreicher. Die Beziehungsqualität zu den Mitarbeitern ist der wichtigste Aktivposten zukünftiger Firmenbilanzen.

Bisher ist bei Mitarbeitern – ähnlich wie bei Kunden – vielfach noch von einer Bindung die Rede. Doch Bindung ist einseitig und negativ, als würde man die Mitarbeiter an die Hundeleine legen, damit sie nicht davonlaufen können.

> **!** **Statt der Bindung steht bei *Employer Clienting*® die auf Gegenseitigkeit beruhende Partnerschaft im Vordergrund.**

Beziehungsmanagement steht also im Mittelpunkt von *Employer Clienting*®, das Personalmanagement nimmt eine Schlüsselrolle ein. Persönliche Beziehungen sind bedeutsamer als elektronische Systeme und können durch diese nicht ersetzt werden.

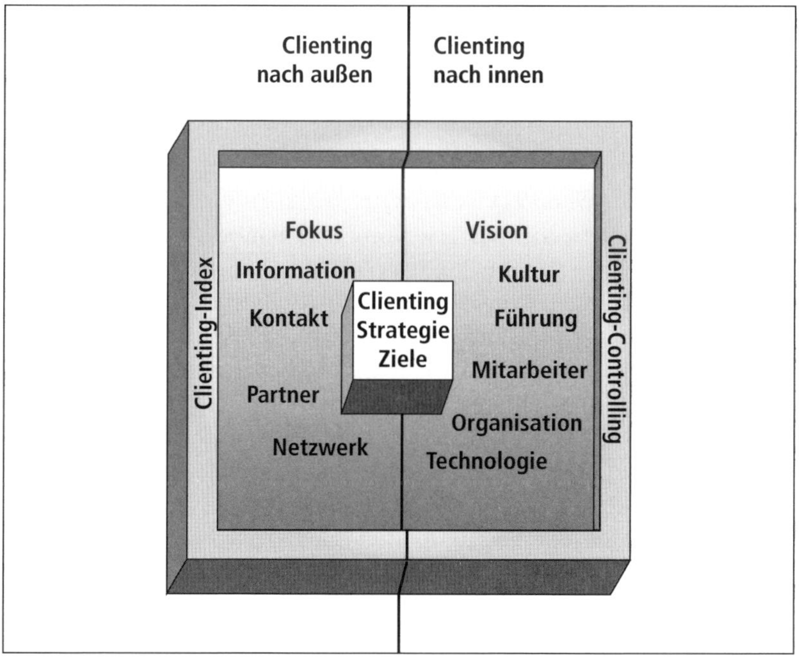

Wie Sie *Employer Clienting*® in Ihrem Unternehmen umsetzen, beschreiben wir in zehn Kapiteln:

- In Kapitel 1 erfahren Sie, warum im Unternehmen die Bedeutung des Faktors »Mensch« in Zukunft noch weiter anwachsen wird und warum Mitarbeiter in der Informationsgesellschaft als *Mindworker* eine zentrale Stellung einnehmen.

- Kapitel 2 befasst sich mit dem wichtigsten »Gut«, das jeder Mitarbeiter in seine Arbeit einbringt: seinen Stärken. Gerade sie sind es, die im althergebrachten Personalauswahlverfahren wie auch beim Einsatzgebiet der Mitarbeiter im Unternehmen oft völlig vernachlässigt werden. Doch wer die Stärken seiner Mitarbeiter nicht kennt, kann sie auch nicht an der richtigen Stelle einsetzen. Es werden Methoden vorgestellt, wie Sie die Stärken des Einzelnen ermitteln, und zwar sowohl individuell als auch im Zusammenspiel eines Teams. Insbesondere die strukturierte Potenzialanalyse und das Teammodell stehen dabei im Vordergrund.

- Kapitel 3 geht auf das Thema »emotionale Intelligenz« näher ein. Heute wird es entscheidend sein, wie Unternehmen mit Menschen sensibler und vor allen Dingen individueller umgehen. Wir bieten eine neue Perspektive mit entscheidender Bedeutung: die emotionale Intelligenz im Zusammenspiel mit der Potenzialanalyse.

- Kapitel 4 behandelt den gesamten Ablauf eines Rekrutierungsprozesses neuer Mitarbeiter in sieben Schritten – von der Erstellung eines Tätigkeitsprofils über die Bewerberselektion bis zur Einstellung. Sie lernen eine verlässliche Methode der Personalauswahl kennen, die Ihnen hilft, die richtigen Mitarbeiter zu finden.

- Kapitel 5 zeigt auf, wie Mitarbeiter geführt, motiviert und im Unternehmen gehalten werden können und wie sie erfolgreich werden. Wir stellen die vier Säulen der Mitarbeiterführung vor. Beispiele von Mittelständlern veranschaulichen, dass der Einsatz der richtigen Mitarbeiter am richtigen Platz zu großen Erfolgen führen kann.

- Kapitel 6 befasst sich mit einem Phänomen, das in den letzten zehn Jahren leider immer weiter um sich gegriffen hat: Mobbing. Wir zeigen Ursachen und Wege zur Vorbeugung auf.

- Kapitel 7 schließlich stellt auf der Basis von vier Prinzipien der Unternehmens- und Mitarbeiterführung eine Quintessenz der vorangegangenen Kapitel dar.

- Kapitel 8 definiert die neue Macht der Mitarbeiter und zeigt auf, warum Unternehmen mit neuen Generationen auch anderen Herausforderungen begegnen, die sie bewältigen müssen.

- Kapitel 9 stellt die Umwälzungen vor, die im Zuge der Digitalisierung auf uns alle zukommen und uns noch sehr lange und dauerhaft beschäftigen werden.

- Kapitel 10 beschreibt den Weg von *Employer Clienting*®, wie wir ihn sehen. Im Mittelpunkt steht stets der einzelne Mensch, das Individuum.

KAPITEL 1

Wissensarbeiter im Unternehmen der Zukunft

»Wir haben zu viele ähnliche Firmen, die ähnliche Mitarbeiter beschäftigen mit einer ähnlichen Ausbildung, die ähnliche Arbeiten durchführen. Sie haben ähnliche Ideen und produzieren ähnliche Dinge zu ähnlichen Preisen in ähnlicher Qualität. Wenn du dazugehörst, wirst du es künftig schwer haben.«

KARL PILSL, WIRTSCHAFTSJOURNALIST, UNTERNEHMER UND MARKTFORSCHER

Die Bedeutung der Mitarbeiter für den Unternehmenserfolg

Nikolai Dmitrijewitsch Kondratieff hat 1926 nachgewiesen, dass sich die weltweite Wohlstandsentwicklung in Fünfzigjahreswellen bewegt, wobei sie jeweils einen 25-jährigen Auf- und einen 25-jährigen Abschwung vollzieht. Er hat diese Entwicklung über 200 Jahre zurückverfolgt und in den später nach ihm benannten Kondratieff-Zyklen ihre Existenz belegt. Wir befinden uns heute im fünften Kondratieff-Zyklus. Was bedeutet das für unser Thema?

Der fünfte Kondratieff: der Mitarbeiter als wichtigster Faktor

Kondratieff rechnete nach, dass ein weltweiter Konjunkturaufschwung – und parallel verlaufend ein Wohlstandszuwachs – immer an Durchbruch-Innovationen gekoppelt ist. Diese Durchbruch-Innovationen schaffen nach anfänglich schwierigen Anlaufphasen eine Produktivitätssteigerung, die wiederum ein weltweites Wachstum ermöglicht. An diesen Wendemarken ändern sich, nach oben wie nach unten, die allermeisten Spielregeln des Erfolges, was Pionieren eine Chance bietet, allerdings auch etablierte Unternehmen in den Ruin stürzt.

1815 gab es mit der Dampfmaschine eine Durchbruch-Innovation, die den ersten Zyklus auslöste. Denn erst mit der Dampfmaschine konnte in größerem Stil industriell produziert werden. Den zweiten Zyklus löste der Bau der Eisenbahn aus, den dritten Anfang des 20. Jahrhunderts die Nutzbarmachung der Elektrizität, und der vierte Zyklus wurde durch die Erfindung des Automobils und die daraus resultierende Mobilität für den Einzelnen ausgelöst.

Der fünfte Zyklus, in dem wir uns jetzt befinden, wurde ermöglicht durch die Erfindung des Computerchips und die Entwicklung der Informationstechnologie. Computer führten auch zu Rationalisierungsvorteilen in den Fabriken, was eine Steigerung der Produktivität auslöste. Im Laufe der letzten dreißig Jahre wurde der Einsatz der Computertechnologie allgegenwärtig. Täglich fluten immer mehr Produkte, die einen Chip enthalten, den Markt. Das Internet der Dinge ist nicht mehr aufzuhalten.

Heute haben wir eine Phase erreicht, in der die Produktivitätsvorteile durch maschinelle Produktion übermächtig geworden sind, mit anderen Worten: zum Allgemeingut gehören. Mehr und mehr kommen die IT-Unternehmen mit ihren Computern, Laptops und Handys an die Grenzen ihres Wachstums, denn weltweit ist ein hoher Sättigungsgrad erreicht. Das manifestiert sich in den ständig sinkenden Preisen, die viele Unternehmen in eine Krise führen.

> **!** **Technische Entwicklungen sind mehr und mehr ausgereizt, bahnbrechende Erfindungen nicht in Sicht. Weltweit befindet sich die Wirtschaft in einer Stagnationsphase. Das Wachstum ist begrenzt, wenn nicht beendet. Genau darin liegt die Herausforderung für jedes Unternehmen.**

Die Grenzen des Marktwachstums

Wir leben mitten in einer Revolution, aber keiner nimmt es so richtig wahr. Viele verschließen bewusst die Augen davor. Am Anfang haben wir noch geglaubt, dieser Umschwung würde an uns vorbeiziehen, er möge bitte schön irgendwo in dieser Welt stattfinden, nur nicht bei uns in Deutschland und erst recht nicht in den Firmen. Aber die Sättigungsgrenzen sind erreicht, weil der Kunde von heute genug besitzt und nicht noch mehr Konsum benötigt. Er richtet seine Anforderungen neu aus, orientiert sich mehr und mehr an *must have* anstatt an *nice to have*.

Schon haben sich die Märkte verändert. Sie sind gegenüber früher verschwommen und unscharf: Bei *Tchibo* kaufen wir nicht nur Kaffee, sondern auch viele Güter des täglichen Bedarfs; Supermärkte bieten Kleinwagen zum Kauf an; Energiekonzerne verkaufen nicht nur Strom, sondern auch Versicherungen und Umzugsdienstleistungen. Zwei Drittel der Gewinne an Tankstellen werden nicht mehr mit Benzin und Ölprodukten, sondern mit Lebensmitteln und Zigaretten erwirtschaftet. Computer werden im Baumarkt und beim Lebensmitteldiscounter angeboten, Flugreisen als Prämien verschenkt. In den Städten fährt man lieber mit *Uber, Car2Go* und *Drive now*. *Amazon* liefert mittlerweile fast alles. In den Urlaub fahren wir mit *AirBnB*. Dafür verschwinden Unternehmen, die jeder kennt, wie zum Beispiel *Agfa* und *Kodak*, die die Zeichen der Zeit nicht frühzeitig erkannt haben. Oder sie sind vom Markt verschwunden, weil vielleicht die falschen Mitarbeiter eingestellt worden sind. Sicher wird dies nicht der einzige Grund gewesen sein, aber eine falsche Personalpolitik wird gewiss auch eine Rolle gespielt haben.

Wir können diese Marktentwicklungen und -veränderungen nicht aufhalten. Wer es versucht, wird zu den Verlierern zählen. Beinahe nichts wird von den wirtschaftlichen Spielregeln, die wir aus den letzten sechzig Jahren kennen, in den nächsten Jahren noch funktionieren. Schon in zehn Jahren wird nichts mehr so sein, wie wir es jetzt kennen.

Viele klammern sich jedoch an die alten Muster und verschließen sich vor Neuerungen, besonders in Deutschland. Sie stecken den Kopf in den Sand. Das zeigt sich an der überall zu beobachtenden Angst vor Veränderung: Abläufe und Verfahrensweisen, die einmal eingeführt worden sind, werden beibehalten, auch wenn sie sinnlos geworden sind. Neuen Dingen wird immenser Widerstand entgegengebracht. Wir können das nicht nur in der Politik täglich sehen, sondern auch in den Unternehmen: Viele Vorschläge stoßen bei der Belegschaft zunächst auf vehemente Ablehnung, weil jeder versucht, seinen Arbeitsplatz zu schützen und zu verteidigen. Jeder klammert sich an seinen Posten.

Dennoch ist jedes Unternehmen in der Lage, seine eigene Konjunktur zu machen, wenn es bereit ist für Veränderungen und wenn es die neuen Chancen und Lücken sieht. Die neuen Chancen haben ganz wesentlich mit den Beziehungen zu den Mitarbeitern zu tun.

Der nächste Produktivitätsschub, der nächste Aufschwung, wird nicht mehr nur durch die Technik allein erzielt, in der die Digitalisierung und die Automatisierung eine wichtige Rolle spielen. Es sind vielmehr die Menschen, die etwas in Bewegung setzen. Die nächste Durchbruch-Innovation liegt im Know-how der Mitarbeiter, die zum wichtigsten Produktionsfaktor erfolgreicher Unternehmen werden.

Von der Industrie- zur Informationsgesellschaft

Die wirkliche Revolution besteht im Wandel von der Industrie- zur Informations- oder Wissensgesellschaft. Entscheidend ist: Wissen existiert vor allem in den Köpfen der Mitarbeiter. Die zukünftig erfolgreichen Unternehmen sind sogenannte wissensbasierte Unternehmen, in denen Menschen produktiver mit Informationen umgehen können. Das ist eine fundamental andere Art von Produktivität als die bisherige, technisch ausgerichtete Produktivität. Bis heute sind höchstens vier Prozent der weltweit tätigen Unternehmen sogenannte wissensbasierte Unternehmen, aber ihre Zahl steigt kontinuierlich.

Der neu entstehende Typus des erfolgreichen Unternehmens denkt nicht mehr in den Kategorien der industriellen Welt, sondern handelt und wächst in Netzwerken, in denen Partnerschaften mit Kunden und Mitarbeitern eine zentrale Rolle spielen.

Aus der industriellen Welt sind uns die Spielregeln geläufig, nach denen es bisher funktionierte: Wird ein Unternehmen übernommen, wird meist zunächst der Vorstand entlassen und mit eigenen Leuten besetzt, anschließend folgen zahlreiche Entlassungen unter der Belegschaft. Dies führt Unternehmen an den Rand einer Krise, wie wir in den vergangenen Jahren vielfach beobachten konnten. Denn mit den ausgeschiedenen Mitarbeitern bleibt auch das Know-how, das

Wissen, auf der Strecke. Seit einiger Zeit schon ist erkennbar, dass ein Großteil dieser Fusionen eben deshalb nicht funktioniert – und auch nicht funktionieren kann.

Der Grund, warum dies viele Verantwortliche in den Unternehmen noch immer nicht begreifen, ist der Taylorismus, der auf dem Prinzip der Zerlegung von Arbeitsvorgängen beruht. Vor über hundert Jahren hat dank *Frederic Winslow Taylor* die Fließbandarbeit Einzug in die Fabriken gehalten und somit dafür gesorgt, dass der Mensch als Erfolgsfaktor abgeschafft wurde. *Taylor* bewies mit wissenschaftlichen Studien, dass sich durch stete Wiederholung einer Tätigkeit die Produktivität erheblich steigern lässt: Je kleiner der Arbeitsbereich des Einzelnen, desto häufiger die Anzahl der Wiederholungen und desto höher die Produktivität. Auf dieser Grundlage führte *Henry Ford* als Erster die Fließbandproduktion ein.

Taylor ermöglichte mit seinem Ansatz zwar die Massenproduktion, versäumte aber die Chance, den Mitarbeitern im Unternehmen einen adäquaten Stellenwert einzuräumen. Das Problem: Der Grundgedanke des Taylorismus hat sich tief in den Köpfen verankert und bestimmt bis heute die Politik des Umgangs mit Mitarbeitern: Nicht nur Arbeitsvorgänge, sondern auch Informationsstrukturen werden weitestmöglich in kleine Einheiten zerlegt – mit der Folge, dass der Einzelne nicht den ganzen Arbeitsprozess oder die gesamte Produktentstehung überschauen kann, sondern nur einen kleinen Teilausschnitt wahrnimmt. Die Konsequenz ist, dass er dann sehr häufig auch keinen Sinn in seiner Arbeit erkennen kann. Häufig werden den Mitarbeitern sogar gezielt Informationen vorenthalten, sodass paradoxerweise die Bürokraten im Unternehmen alle Informationen in der Hand halten, während diejenigen, die den Kunden am nächsten sind, am wenigsten wissen.

Der Mangel an Informationen beeinträchtigt die optimale Bedienung der Kunden und führt außerdem zur Unzufriedenheit der Mitarbeiter, die sich – wie wir im zweiten Kapitel anhand von *Gallup*-Studien sehen werden – wiederum lähmend auf die Produktivität des Unternehmens auswirkt.

Frederic Taylor hat vor über hundert Jahren mit der Fließbandarbeit den Menschen als Produktionsfaktor abgeschafft. In der digitalen Welt müssen wir ihn wieder einführen, wenn wir den Unternehmenserfolg langfristig sichern wollen.

Im Zeitalter der wissensbasierten Unternehmen und des Handelns in Netzwerken ist der Mensch der zentrale Erfolgsfaktor. Es ist der Mensch, der bei dem Aufstieg eines Unternehmens die entscheidende Schlüsselrolle einnimmt. Das ist eine Dimension, die ein Umdenken erforderlich macht.

Die virtuelle Integration

Wir werden feststellen, dass der Kampf um die talentiertesten Mitarbeiter in aller Schärfe ausgetragen wird. Wir werden zunehmend erleben, dass Unternehmen geschlossen werden – nicht, weil sie keine Kunden haben, sondern weil ihnen qualifizierte und fähige Mitarbeiter fehlen. Mitarbeiter müssen viel gezielter gesucht werden als bisher. Ihre Potenziale müssen schnell erkannt werden, und auf dieser Basis müssen Qualifikationen generiert werden. Denn die neu entstehende Wirtschaft hat noch mehr Überraschungen auf Lager. Die nächste große Herausforderung ist die virtuelle Integration und damit das Niederreißen der Firmenmauern nach außen.

Unternehmen haben bisher vor allem Erfolg gehabt, wenn sie die dreistufige Wertschöpfungskette sehr gut beherrschten. Das heißt, sie haben Produkte und Dienstleistungen entwickelt, produziert und anschließend vermarktet. In jeder einzelnen dieser drei Stufen war genügend Geld zu verdienen. Aber das ist heute schon längst nicht mehr überall der Fall. Immer mehr Unternehmen stellen fest, dass sie die dreistufige Wertschöpfungskette nicht mehr aufrechterhalten können.

Die Unternehmen wissen bereits heute, dass es oftmals schon in der Entwicklung hapert. Denn Produkte und Dienstleistungen auf den Markt zu bringen, die als sogenannte *Me-too*-Produkte oder Nachahmerprodukte gelten, eröffnen immer seltener eine Gewinnchance. Unternehmen müssen heute eine viel höhere Sensibilität für den Markt und für ihre Kunden entwickeln. Sie müssen praktisch agieren, *bevor* überhaupt ein Bedarf besteht.

Zum Beispiel wäre der Walkman von *Sony* nie erfunden worden, hätte man sich am vorhandenen Bedarf orientiert. Das beeindruckendste Beispiel der letzten Jahrzehnte ist das 2007 von Steve Jobs vorgestellte *iPhone*. Die Erfindung des Smartphones hat das Leben aller Menschen auf diesem Erdball nachhaltig verändert. Erfolgreiche Unternehmen wissen, dass sie von ihren Kunden zwar erfahren, wo sie der Schuh drückt. Die Lösung für das Kundenproblem jedoch muss das Unternehmen selbst kreieren. Dabei ist Kreativität gefragt. Natürlich wäre es schön, wenn die Lösung vorgegeben würde, aber das ist und bleibt ein Traum. Die Unternehmen müssen darum in Zukunft viel näher am Puls des Kunden sein und viel mehr mit dem Kunden kommunizieren, um frühzeitig seine Wünsche, Träume und Probleme zu erfahren, und zwar, bevor die Wettbewerber darauf reagieren können.

Das ist die erste Wertschöpfungsstufe. In der zweiten, der Produktion, verdienen die Firmen ebenfalls immer weniger Geld. Für viele lohnt es sich schon gar nicht mehr, ein Produkt selbst herzustellen, weil Spezialisten dies besser beherrschen. In der EKS, der *Engpass-Konzentrierten Strategie* von *Wolfgang Mewes*, heißt es: Ideal ist es, wenn ein Unternehmen die Produktionsmittel benutzen kann, ohne sie zu besitzen, wenn es also Zugriff auf die Herstellung hat, ohne das eigene Unternehmen mit den entsprechenden Maschinen und Ausstattungen finanziell belasten zu müssen. Es lässt sich eindeutig die Tendenz erkennen, dass wir auf eine mehr und mehr fabriklose Herstellung zusteuern. Das bedeutet: Lizenzvergaben statt eigener Fabriken. Auch hier gilt *Apple* als Vorreiter. Created in Cupertino, produced in China. Wir haben uns längst daran gewöhnt.

In der dritten Wertschöpfungsstufe, der Vermarktung, liegt sicherlich auch in Zukunft eines der interessantesten Felder. Hier geht es um den »Zugangscode« für Beziehungen.

> **!** **Unternehmen, denen es gelingt, glaubwürdig gelebte Beziehungen zu ihren Kunden und ihren Mitarbeitern wie auch zwischen Kunden und Mitarbeitern aufzubauen, werden zu den Siegern der Zukunft gehören. Denn es sind die Beziehungen, die es Unternehmen ermöglichen, größere Stückzahlen von Produkten und Dienstleistungen zu verkaufen, ohne sie selbst herstellen zu müssen.**

Voraussetzung ist, dass die Beziehungen professionell gemanagt werden. Dafür brauchen wir kompetente Beziehungsmanager in den Unternehmen.

Fazit: Viele Unternehmen werden ihre Wertschöpfungskette in Zukunft überdenken, und viele werden sich dabei von einer oder zwei Stufen trennen. Auch hier werden die Mitarbeiter und Manager gefordert sein, diesen Umbau aktiv mitzugestalten. Hier brauchen wir die Ideen und die Kreativität aller Menschen im Unternehmen. Dafür gibt es innovative Tools, die kreative Ideen jenseits der Hierarchien ermöglichen. Jeder kann sich einbringen.

Allerdings befinden wir uns derzeit dabei noch im Niemandsland. Natürlich gibt es einige Vorzeigeunternehmen, die bereits diesen Weg beschreiten, ihren Mitarbeitern einen völlig anderen Stellenwert geben und das Wort »Partnerschaft« auch ernst nehmen. Den meisten ist allerdings noch nicht einmal bewusst, dass hier ein Paradigmenwechsel stattfindet. Und dieser besteht im Folgenden: Wir bewerben uns bei den Mitarbeitern – und nicht umgekehrt!

In einem Unternehmen, das den Paradigmenwechsel geschafft hat, steht die Partnerschaft mit den Mitarbeitern im Vordergrund. Es betrachtet Mitarbeiter als sein wichtigstes Kapital. Die praktizierte Unternehmensphilosophie lautet: »The job is very much what you make of it.« Wenig Bürokratie und viel Freiraum für die Mitarbeiter gehören zum Credo. Und so ist es nicht verwunderlich, dass manchen Mitarbeitern innerhalb von fünf Jahren eine Karriere vom Trainee zum Produktionsleiter gelingen kann. Voraussetzung dafür sind Engagement, die Fähigkeit, sich in einem dynamischen Umfeld zu bewegen, und ein ausgeprägtes Teamverständnis. In diesem Unternehmen wissen alle, dass Stillstand Rückschritt bedeutet. Deshalb werden auf allen Ebenen kontinuierliches Lernen und Weiterbildung gefördert. Die Personalentwicklung in solch einer Firma hat einen hohen Stellenwert und wird sowohl individuell als auch auf die Anforderungen des Arbeitsplatzes ausgerichtet.

An der Schwelle zur Human Economy

In Zukunft geht es um die Fähigkeit der Menschen, in Unternehmen mit Informationen im Sinne des Kunden richtig umzugehen. Die größte Produktivitätsreserve liegt zwischen den Ohren der Mitarbeiter – in der geistigen Informationsarbeit.

Auch wenn uns die dritte Wertschöpfungsstufe noch weitgehend bevorsteht, hat es die Mehrheit der Unternehmen heute schon geschafft, Produkte und Dienstleistungen miteinander zu kombinieren. Heute gibt es bereits weltweit Automobilhersteller, die bestätigen, dass sie mit der Herstellung von Autos kein Geld mehr verdienen, sondern nur noch mit dem Service, also mit Versicherungsdienstleistungen, Leasing und Wartung. In Zukunft wird es darum gehen, verstärkt in die dritte Ebene vorzustoßen und zu einem wissensbasierten Unternehmen zu werden. Denn nur Information, in Wissen umgesetzt, ermöglicht es Unternehmen, sinnvolle und profitable Dienstleistungen und Produkte zu schaffen.

> **Wir stehen auf der Schwelle der Revolution von der Old und New Economy zur Human Economy. Zum ersten Mal wird der Mensch die entscheidende Rolle spielen. Das neue Kerngeschäft ist der Mensch.**

Die Amerikaner reden gerne von der *Customer Economy*. Wir – die Autoren – sagen: Es ist eher die *Human Economy* – und es wird ein *Human Business* sein, das hier entsteht. Wir sind überzeugt, dass wir im Jahrzehnt der Entdeckung des Menschen im Business stehen. Der Mensch entwickelt sich mehr und mehr zum entscheidenden Erfolgsfaktor. Die alten Bilanzierungsregeln haben sich eher auf das Kapital-Management konzentriert und die neue Wertschöpfungsquelle der neuen Wirtschaft ignoriert.

Können schlägt Kapital

Das bedeutet sicherlich auch, dass das neue Management andere Spielregeln im Umgang mit Mitarbeitern entwickeln wird. Es wird das Jahrzehnt der Wiederentdeckung menschlicher Fähigkeiten sein. Vertrauen, Zuverlässigkeit, Authentizität sind entscheidende neue Voraussetzungen. Der Mitarbeiter der Zukunft wird dann auch einen höheren Anteil am Erfolg des Unternehmens einfordern. Er will sich nicht mehr mit einem Gehalt abspeisen lassen, und er will auch nicht mehr mit ansehen, wie die Manager allein an dieser Entwicklung partizipieren. Beispielsweise ist die Gesamtvergütung der Vorstände in den USA von 1990 bis 2000 im Schnitt um 434 Prozent gestiegen. Das steht in keinem Verhältnis zum Anstieg der Mitarbeiterbezüge, die im gleichen Zeitraum um höchstens 25 Prozent gewachsen sind. Im Jahr 2000 war der Höhepunkt des Wahnsinns erreicht: Damals verdiente ein CEO in den USA im Schnitt das 383-Fache eines Angestellten. In Deutschland ist eine ähnlich krasse Tendenz des Auseinanderklaffens der Bezüge von Vorständen und Mitarbeitern zu beobachten; auch hierzulande stehen überzogene Managergehälter immer mehr im Blickpunkt der Öffentlichkeit und werden beinahe täglich in den Medien diskutiert. Im Oktober 2016 hat die Hans-Böckler-Stiftung (http://www.boeckler.de/pdf/p_mbf_report_2016_25.pdf) eine Analyse präsentiert, nach der Vorstandsmitglieder bei *Volkswagen* das 141-Fache eines durchschnittlichen Mitarbeiters »verdient« haben.

Mitarbeiter werden es in Zukunft nicht mehr akzeptieren, dass ihre Talente dem Unternehmen zwar Spitzengewinne einbringen, sie selbst aber leer ausgehen. Jedes Unternehmen ist gefordert, sich frühzeitig auf diese Entwicklung einzustellen und Mitarbeiter angemessen am Erfolg ihres Unternehmens zu beteiligen.

> **!** **Die neuen Wissensarbeiter in den Unternehmen, die durch den richtigen Umgang mit Informationen ihr Geld verdienen, werden ihren Anteil an den Gewinnen fordern: Können schlägt Kapital.**

In zehn Jahren wird es keine Firmen mehr geben, wie wir sie aus dem letzten Jahrhundert kennen. Es sind eher vernetzte Systeme und Netzwerker. Sie sind untereinander partnerschaftlich verbunden, sie sind weltweit tätig, klein, schnell, flexibel und enorm lernfähig. Sie schaffen Netzwerkstrukturen über persönliche Beziehungen und vernetzte Technologien. Außerdem werden die erfolgreichen Unternehmen des Jahres 2025 ihr Geld schwerpunktmäßig nicht mehr mit Produkten verdienen, sondern mit Spezialisierungen und Fähigkeiten.

Dazu gehört beispielsweise die Fähigkeit, dem Kunden zu helfen, dass er selbst bessere Geschäfte macht, wenn es um den *Business-to-Business*-Bereich geht. Bei Privatkunden heißt es demgegenüber: Unser Geschäft ist es, mit allen Mitteln und Möglichkeiten zu helfen, damit unsere Kunden selbst besser leben können. Die Fähigkeit, dem Kunden und Partner in seinem täglichen Leben und Geschäft besser helfen zu können als die Wettbewerber, wird einer der zentralen Erfolgsfaktoren der Zukunft sein.

Ladenschlusszeiten gibt es schon jetzt nicht mehr, weil die Kunden das Internet mit einer völlig neuen Form von Service 365 Tage im Jahr und 24 Stunden täglich nutzen können. Unternehmen wie *eBay* oder *Amazon* zeigen heute bereits deutlich, dass der Handel weder Öffnungs- noch Schlusszeiten braucht. *Realtime*-Kommunikation oder – anders ausgedrückt – Echtzeit-Beratung über das Internet mit *Fullmotion*-Livebildern wird es ermöglichen, dass keiner mehr seine Wohnung verlassen muss, um eine individuelle Kundenberatung genau dann zu bekommen, wann er sie haben möchte. Das ist bereits heute durch technische Innovationen möglich geworden.

! **Es wird auch keine Kunden mehr geben, wie wir sie jetzt noch kennen, sondern eher Partner. Die Kundenbeziehung wird eine ganz andere Qualität bekommen. Man kann eher von einer Verschmelzung von Unternehmen und Kunden zu Partnern sprechen; viele Partner werden am Erfolg des eigenen Unternehmens beteiligt sein.**

Der wachsende Engpass an qualifizierten Kräften

Zusätzlich zu den beschriebenen Tendenzen und Entwicklungen der Wirtschafts- und Unternehmenswelt werden innerhalb der nächsten zehn Jahre demografische Veränderungen auftreten, die heute von den Firmen noch vernachlässigt oder gänzlich ignoriert werden.

Es gibt derzeit rund 2,7 Millionen Arbeitslose in Deutschland, sodass Unternehmen häufig glauben, sie könnten sich aus einem großen Pool potenzieller Mitarbeiter bedienen, wenn sie Leute einstellen wollen. Doch das ist im doppelten Sinne eine Illusion. Denn erstens sind Menschen keine austauschbaren Maschinen oder »Eier legende Wollmilchsäue«. Wer wirklich bemüht ist, die richtigen Mitarbeiter an der richtigen Stelle einzusetzen, wird alsbald feststellen, dass der Pool mit wirklich geeigneten und fähigen Kräften eher zu klein als zu groß ist. Im Idealfall sollte ein Mitarbeiter zu einer Position passen, wie ein Schlüssel in ein Schloss passt. Das normierte Ausbildungssystem und die althergebrachten unzulänglichen Personalauswahlmethoden suggerieren jedoch, dass alle potenziellen Mitarbeiter *Passepartouts* sind, die man an jeder beliebigen Stelle einsetzen kann.

Der Fachkräftemangel ist jetzt schon enorm, und er wird noch weiter steigen. Um das Jahr 2020 rechnet man mit 2 Millionen fehlenden Experten. Spätestens jetzt sollten die Verantwortlichen in den Unternehmen realisieren, dass sie sich zu Wunscharbeitgebern entwickeln müssen, also zu Arbeitgebern, denen potenzielle Mitarbeiter die Türen einlaufen, weil sie sich nichts sehnlicher wünschen, als für eines dieser Unternehmen zu arbeiten.

Zweitens verzeichnen wir insbesondere in Deutschland einen stetigen Bevölkerungsrückgang. Schon heute sprechen wir von einer »Vergreisung« der deutschen Gesellschaft, in der die über 60-Jährigen den größten Anteil ausmachen. Es werden immer weniger Kinder geboren, sodass bereits heute immer weniger qualifizierte Arbeitskräfte für die vorhandenen Stellen zur Verfügung stehen. Vergleicht man die Bevölkerungspyramide von heute mit der Bevölkerungsstruktur im Jahre 2050, so halbiert sich innerhalb weniger Jahrzehnte die Anzahl der 35-Jährigen von 1,5 Millionen auf 800 000. 2050 wird es genauso viele 80-Jährige wie 35-Jährige geben. Das scheinbare Überangebot an Arbeitskräften in bestimmten Bereichen wird sich in einen Mangel umkehren: Unternehmen als Arbeitgeber werden sich gezielt um Mitarbeiter als Arbeitnehmer bemühen und bei ihnen bewerben müssen – die Verhältnisse werden sich also im Vergleich zu heute geradewegs in das Gegenteil wenden.

Doch noch immer werden gerade ältere Arbeitnehmer von den Unternehmen ausgegrenzt: Wer über 45 ist, braucht sich vielfach schon gar nicht mehr auf eine Position zu bewerben, weil er bereits als »zu alt« gilt; wer 56 ist, wird bereits in die Frührente geschickt. Aber gerade wenn Wissen zum entscheidenden Produktionsfaktor wird, sind die »Alten« im Vorteil, denn sie verfügen aufgrund ihrer langjährigen

Tätigkeit über mehr Know-how als die Jungen und können daher Unternehmen immer noch einen hohen Nutzen bieten.

! **Die Arbeitnehmer können nicht immer jünger werden, wenn unsere Bevölkerung gleichzeitig immer älter wird. Im Jahre 2020 werden wir verstärkt Rentner in die Firmen zurückholen müssen, um den Betrieb aufrechterhalten zu können. Die Unternehmen sollten sich schon heute fragen, wie sie in Zukunft mit einer »Rentner-Band« Innovationen hervorbringen.**

Auch hier beschreiten fortschrittliche Unternehmen bereits neue Wege im Umgang mit älteren Mitarbeitern. Die Brose Fahrzeugteile GmbH & Co. KG, Weltmarktführer für Fensterheber und Türsysteme, hat in den letzten Jahren mit spektakulären Neuerungen im Personalbereich immer wieder für Aufmerksamkeit gesorgt. So werden bei Brose gezielt Manager über 45 eingestellt, die dem Unternehmen breite Managementerfahrungen sichern. Diese Arbeitnehmer verfügen über internationale Erfahrungen und Entscheidungsstärke, dienen als Vorbild und Mentoren für Jüngere und bringen Brose den Ruf eines unkonventionellen Arbeitgebers ein.

Bereits in den letzten Jahren war hin und wieder in manchen Berufszweigen ein Mangel an qualifizierten Arbeitskräften zu beobachten. Zum Beispiel hat es eine Weile nicht genügend Ingenieure gegeben, sodass Unternehmen um die wenigen gut ausgebildeten Kräfte untereinander in Konkurrenz standen. Zurzeit gibt es einen Mangel an Lehrern in den Schulen, und die Bundesländer ringen darum, überhaupt entsprechend ausgebildete Kräfte zu finden, die bereit sind, in den Schuldienst einzutreten. Die Bundesländer buhlen heute mit Sondervergütungen und schnelleren Beförderungen um die Lehrkräfte, die sie vor 15 Jahren ablehnten und nicht einstellen wollten. Durch den Flüchtlingsstrom nimmt diese Brisanz sogar noch zu.

Forciert wird diese Entwicklung noch durch die sogenannten Ich-AGs, also Personen, die sich für die Selbstständigkeit entschieden haben. Immer mehr Menschen machen sich mit kleinen Geschäften als Ein-Mann- oder Ein-Frau-Betriebe selbstständig und pfeifen selbst in Anbetracht oftmals geringerer Verdienstmöglichkeiten auf eine geregelte Arbeitszeit und ein festes Einkommen, das sie bei einem Arbeitgeber beziehen könnten. Ursprünglich aus der Not der Arbeitslosigkeit geboren, finden immer mehr Menschen Gefallen an dieser neuen Existenzform. In Deutschland gibt es bereits viele *Small Home-Offices*, und in den USA rechnet man damit, dass bis zum Jahre 2020 knapp 40 Prozent aller Arbeitnehmer nicht mehr angestellt sein werden. Die Ich-AGs sind schnelle, flexible, kreative, in Netzwerken agierende Kleinstunternehmen, die gegenüber großen Unternehmen viele Vorteile auf ihrer Seite haben. Und vor allem sind es Arbeitskräfte, die in Zukunft den mittelständischen und großen Unternehmen nicht mehr zur Verfügung stehen und damit als potenzielle Mitarbeiter zusätzlich ausscheiden!

In einer älteren, aus unserer Sicht aber immer noch aussagekräftigen Umfrage der *Continental AG*, durchgeführt vom Meinungsforschungsinstitut TNS / EMNID, wurden die Erwartungen deutscher Studenten an die kommende Berufs- und Arbeitswelt ermittelt. Ergebnis: Die jungen Leute haben sich zu einem Großteil darauf eingestellt, dass ihr Berufsleben aus einer Abfolge zeitlich befristeter Arbeitsverträge und unterschiedlicher Jobs bei verschiedenen Arbeitgebern bestehen wird. Man mag es gut finden oder nicht: Die Patchwork-Arbeitsbiografie ist im Kommen: Arbeit wird zum projektbezogenen Zweckbündnis auf Zeit.

Dabei betrachten sich die jungen Leute mehr und mehr als »Lebensunternehmer«. Sie stimmen überwiegend der Aussage zu: »Jeder ist heutzutage Unternehmer seiner Talente.« Für die kommende Generation ist der Übergang zwischen Ich-AG und klassischem Angestelltenverhältnis fließend. Viele Junge sind bereit, immer gerade dorthin zu gehen, wo sie einen attraktiven Arbeitsplatz mit hoher Verantwortung und Entscheidungskompetenz erhalten, lassen sich aber nicht mehr mit Geld locken, wenn der Job nicht ihren Vorstellungen entspricht.

Drei Faktoren begünstigen die Entwicklung in Richtung eines wachsenden Engpasses an qualifizierten Arbeitskräften: der kontinuierliche Bevölkerungsrückgang in Deutschland, die stetige Zunahme von Selbstständigen und Freelancern und die innere Einstellung junger Leute, Arbeitsverhältnisse nur noch als zeitlich befristet zu betrachten, ohne sich zu eng an ein Unternehmen zu binden.

! **In Anbetracht dieser Umstände müssen mittelständische und große Unternehmen sich besonders um die attraktive Gestaltung von Arbeitsplätzen bemühen, um überhaupt genügend qualifizierte Kräfte für die vorhandenen Positionen zu finden und diese langfristig besetzen zu können.**

Es wird gewiss nicht so viele talentierte Leute geben, wie die neue Wirtschaft sie braucht. Die meisten Unternehmen sind auf einen »Krieg der Talente« überhaupt nicht vorbereitet. Wichtig ist es gerade heute, neue Kontakte zu potenziellen Mitarbeitern aufzubauen und auch die Beziehungen zu bestehenden und ehemaligen Mitarbeitern zu pflegen. Um die Mitarbeiterpotenziale zu erkennen und bestmöglich auszuschöpfen, brauchen Unternehmen ein kompetentes und gut organisiertes Personalmanagement.

ZUSAMMENFASSUNG

- Wir sind heute auf dem Sprung von der Industrie- zur Wissensgesellschaft, in der der Mitarbeiter zum wichtigsten Produktionsfaktor im Unternehmen wird. Die in Zukunft erfolgreichen Unternehmen sind wissensbasierte Unternehmen, in denen Menschen produktiver mit Informationen umgehen als bisher.

- Der neue zentrale Erfolgsfaktor zwischen wissensbasierten Unternehmen und dem Handeln in Netzwerken ist der Mensch. Der richtige Mitarbeiter ist die Schlüsselgröße für den Geschäftserfolg. Unternehmen, denen es gelingt, glaubwürdig gelebte Beziehungen zu und zwischen den Mitarbeitern wie auch zu den Kunden aufzubauen, gehören zu den Siegern der Zukunft. Denn sie sind es, die die kommenden Engpässe an qualifizierten Arbeitskräften überwinden und außerdem das Know-how der Mitarbeiter für Durchbruch-Innovationen gezielt nutzen können.

- Der zukünftige Mitarbeiter ist selbst verantwortlich beteiligt am Unternehmen; er ist Mitunternehmer und Wissensarbeiter. Er wird am Unternehmenserfolg finanziell angemessen beteiligt.

- *Employer Clienting®* stellt die nötigen Instrumente für ein verändertes, der Zukunft angepasstes Personalmanagement zur Verfügung: Es ermöglicht, die Fähigkeiten von Bewerbern und Mitarbeitern frühzeitig schon vor der Einstellung zu erkennen und damit die richtigen Mitarbeiter am richtigen Platz einzusetzen.

KAPITEL 2

Die Stärken der Mitarbeiter erkennen, fördern und richtig einsetzen

»Ein Manager steigt umso schneller auf, je stärker er seine Mitarbeiter fördert.«

ROBERT GREEN INGERSOLL,
US-AMERIKANISCHER REDNER

Begabungen, Talente, Fähigkeiten und Stärken – neue Ansätze und Definitionen

Die Methoden der Personalauswahl wie auch die heute gängigen Stellenbeschreibungen basieren auf dem tayloristisch orientierten Management von gestern. Sie sind veraltet und werden der Informationsgesellschaft und dem Wissensmanagement von morgen nicht gerecht, denn sie vernachlässigen das Wesentliche: das Erkennen der Stärken und Talente von Mitarbeitern und Bewerbern, die es erst ermöglichen, Menschen als Wissensarbeiter im Unternehmen einzusetzen. Die veralteten Methoden verhindern, dass Mitarbeiter an der richtigen Stelle im Unternehmen tätig werden, und lähmen die Produktivität.

> **!** **Damit Mitarbeiter den jeweils optimalen Platz im Unternehmen einnehmen können, ist es nötig, ihre speziellen und jeweils individuellen Stärken – nicht nur ihre beruflichen Qualifikationen und Erfahrungen – genau zu kennen.**

Dies ist für die meisten Unternehmen ein völlig ungewohnter Ansatz, der der gängigen Praxis und dem üblichen Denken entgegensteht.

Gängige Vorurteile über Stärken, Talente und Fähigkeiten

Bei den meisten Positionen, die es zu besetzen gilt, orientieren sich Führungskräfte an Kriterien wie Erfahrung, Intelligenz und Willensstärke. Begabungen hingegen spielen so gut wie keine Rolle. Der übliche Ansatz lässt sich durch folgende Grundaussagen charakterisieren:

Erfahrung macht den Unterschied. Bei Bewerbungen werden der berufliche Hintergrund des Kandidaten, sein Lebenslauf und seine bisherigen Tätigkeiten durchleuchtet und bewertet. So wird die Vergangenheit zum – ungeeigneten – Fenster für die Zukunft.

Die Überbetonung der Erfahrung hat unter anderem den unangenehmen Nebeneffekt, dass es Berufsanfängern unverhältnismäßig schwer gemacht wird, überhaupt den Einstieg in die Berufswelt zu schaffen, denn verständlicherweise können sie noch kaum berufliche Erfahrungen vorweisen. Es ist heutzutage üblich geworden, dass selbst hoch qualifizierte Absolventen erst nach ein bis zwei Jahren Arbeitslosigkeit plus mehrerer Gelegenheitsjobs den Einstieg in einen einigermaßen adäquaten Arbeitsplatz finden, und zwar egal, welche Fachrichtung sie gelernt haben.

Auf die Intelligenz kommt es an. Dieser Auffassung nach kommt ein intelligenter Mensch mit jeder Aufgabe klar, und zwar besser und schneller als andere. Der akademische Hintergrund wird überbetont. Doch Intelligenz allein sagt noch nichts über die Motivation aus, mit der jemand an eine Sache herangeht. Für etliche Stellen dürfte eine zu hohe Intelligenz eher belastend als förderlich wirken.

Der Wille ist entscheidend. Führungskräfte, die so denken, glauben, dass sich zwar das Fachspezifische lernen lasse, nicht jedoch Leistungswille, Zielorientierung und Durchhaltevermögen. Bei der Auswahl der Mitarbeiter wird daher vor allem nach solchen mit »Rückgrat« gesucht. Es stimmt zwar, dass der Leistungswille für den Erfolg mitentscheidend ist, doch ist auch diese Aussage wie die beiden vorhergehenden nur wieder eine Halbwahrheit. Sie verkennt, dass es für den herausragenden Erfolg in erster Linie darauf ankommt, dass man für eine Stelle die *richtigen Talente* mitbringt. Und die lassen sich eben nicht an Erfahrung, Intelligenz und Willensstärke erkennen oder messen. Talente sind auch die entscheidende Leistungstriebfeder des einzelnen Mitarbeiters, und zwar mehr als der »nackte« Wille.

Begabungen und Talente werden von den gängigen Methoden des Personalmanagements ausgeblendet, da sie mit Vorurteilen behaftet sind:

- *Begabungen sind etwas Seltenes und Außergewöhnliches.* Diese Aussage ist falsch. Jeder Mensch besitzt in mindestens einem Bereich eine Begabung oder ein Talent. Die Frage ist nur, ob die Begabung sich in der Wahl des Berufes und den bisherigen Berufserfahrungen widerspiegelt oder nicht. Begabungen sind zwar nichts Besonderes, die Frage ist jedoch, inwieweit sie der Einzelne kultiviert hat und sie für andere offensichtlich sind.

- *Es gibt Berufe oder Tätigkeiten, für die Talent nicht notwendig ist.* Führungskräfte, die zumeist selbst über eine akademische Ausbildung verfügen, gehen oft davon aus, dass es für »niedere« Tätigkeiten – zum Beispiel Reinigungsarbeiten oder Telefonmarketing, in Deutschland auch der Verkauf – keiner Begabung bedarf und eine kurze Schulung oder Einführung genügt, um sie auszuüben. Unausgesprochen gehen Vorgesetzte häufig davon aus, dass solche Tätigkeiten demoralisierend seien und sich Menschen ihnen nicht freiwillig unterzögen. Die Führungskräfte schließen allzu oft von sich auf andere und unterstellen den Mitarbeitern, dass diese denselben mentalen Filter haben wie sie selbst. Das verleitet sie zu zwei weiteren falschen Annahmen:
  - Jeder kann den Beruf oder die Tätigkeit ausüben, vorausgesetzt, er wurde entsprechend angelernt.
  - Jeder Mitarbeiter, der eine solche Tätigkeit ausübt, möchte möglichst schnell befördert werden, um der »niederen« Arbeit zu entgehen.

> **!** **Gute Führungskräfte hingegen wissen, dass ihr Wahrnehmungsfilter subjektiv ist und es durchaus Leute gibt, die die »niederen« Tätigkeiten gern und mit Begabung ausüben und daran dauerhaft Freude empfinden. Sie wissen auch, dass viele Menschen, die solche Tätigkeiten ausüben, nicht unbedingt nach Aufstiegsmöglichkeiten suchen.**

Definition von Stärken

Es ist Zeit für einige begriffliche Definitionen: Bisher haben wir die Wörter *Talent, Begabung* und *Stärke* weitgehend synonym gebraucht, doch sollten sie klar voneinander sowie von den ähnlichen Begriffen *Fertigkeiten, Fähigkeiten* und *Wissen* abgegrenzt werden, auch wenn alle Begriffe miteinander verwandt sind.

Also: Begabungen und Talente sind nicht vermittelbar, Fertigkeiten und Wissen hingegen lassen sich lehren.

- *Talente* bzw. *Begabungen* sind dauerhafte und wiederkehrende Denk-, Gefühls- oder Verhaltensmuster, die entweder angeboren sind oder aber über viele Jahre erworben wurden.

- Als *Wissen* lässt sich summarisch alles bezeichnen, was einem Menschen bewusst ist. Es gibt zweierlei Arten von Wissen: Fakten- und Erfahrungswissen. Während Faktenwissen vermittelt werden muss, ist Erfahrungswissen weniger greifbar und kaum zu vermitteln. Wissen kann auf allen möglichen Gebieten erworben werden oder vorhanden sein, ganz gleich, ob in dem betreffenden Bereich eine Begabung vorliegt oder nicht.

- *Können* bzw. *Fertigkeiten* betreffen die Art und Weise der Ausführung einer Tätigkeit. Eine Fertigkeit sagt etwas darüber aus, ob man etwas tun kann, ein Talent hingegen, wie gut und wie oft man es tun kann.

! **Talente, Wissen und Können zusammen ergeben die Stärken. Eine Stärke ist eine beständige, beinahe perfekte und damit berechenbare Leistung eines Menschen in einem bestimmten Tätigkeitsfeld: Auf diese Leistung kann sich ein Unternehmen bei einem Mitarbeiter verlassen. Eine Fähigkeit ist dann eine Stärke, wenn sie dem Betreffenden ein hohes Maß an Befriedigung verschafft und er ganz darin aufgeht.**

Solche Stärken zu erkennen – darum geht es im Personalmanagement. Stärken kommen häufig indirekt zum Ausdruck, zum Beispiel dadurch, dass sich ein Mitarbeiter schnell und mühelos neues Wissen oder neue Fertigkeiten in seinem Tätigkeitsfeld anzueignen vermag und er dies unaufgefordert und ohne Druck tut. Sie zeigen sich auch an der Freude und Begeisterung, mit der jemand bestimmte Aufgaben erledigt. Um solche Stärken herauszufinden, können Führungskräfte sich zum Beispiel erkundigen, welche Tätigkeiten einem Mitarbeiter leichtfallen und ihm Freude bereiten.

Jemand muss nicht in jedem Aspekt seiner beruflichen Tätigkeit eine Stärke aufweisen, um seine Arbeit ausgezeichnet zu erledigen. Ein exzellenter Könner braucht nicht rundum perfekt zu sein und alle Bereiche seines Berufes erstklassig zu beherrschen. Das wäre zu viel verlangt, nahezu menschenunmöglich, und würde an Perfektionismus grenzen. Häufig besitzt der Betreffende nur in einem einzigen Bereich eine überdurchschnittliche Stärke, während er in den anderen Bereichen seines Berufes lediglich durchschnittlich ist.

Eine Sekretärin beispielsweise mag ihre Stärke in der Organisation des Ablagesystems haben, während sie in der Erledigung der Korrespondenz nur Durchschnittliches leistet; eine andere wiederum ist vielleicht im Telefondienst und in der Gästebetreuung erstklassig, dafür aber in den übrigen Bereichen nicht herausragend; eine dritte spielt ihre Stärke womöglich als Teamplayerin aus, die sich hervorragend in ein Team einfügt und dessen Bedürfnisse erfüllt, während sie in der Erledigung der Ablage, der Korrespondenz und im Telefondienst nur durchschnittlich ist. In den Bewerbungsunterlagen der Sekretärin steht aber wahrscheinlich nur lapidar: »Mittlere Reife; anschließend Berufsausbildung als Sekretärin; zehn Jahre Erfahrung bei den Firmen X und Y«. Die spezielle Stärke im Beruf kommt meist in den Unterlagen nirgendwo zum Ausdruck. Häufig ist sie dem oder der Betreffenden selbst nicht einmal bewusst.

Deshalb ist es umso wichtiger, dass die genauen Anforderungen an eine Position einerseits und die Stärken der Bewerber andererseits *vor* der Einstellung ermittelt und genau herausgearbeitet werden, um den richtigen Bewerber für eine Stelle herauszufiltern (zum methodischen Verfahren siehe Kapitel 4). Sollte die Sekretärin beispielsweise mit einem Team arbeiten oder überwiegend allein? Wo liegt der Schwerpunkt ihrer Arbeit: Ist es die telefonische Betreuung bestimmter Leute oder doch eher das Handling eines umfangreichen und komplizierten Ablagesystems?

> **!** **Stärken sind so vielfältig und individuell wie die Menschen, die sie haben. Genau aus diesem Grund sind die berufliche Qualifikation und die Berufserfahrung allein auch nicht aussagekräftig. Wer einen Mitarbeiter entsprechend seinen Stärken einsetzen will, muss tiefer blicken und darf sich nicht auf die vordergründigen Aussagen von Bewerbungsunterlagen oder oberflächliche Stellenbeschreibungen verlassen.**

Begabungen oder Talente können nicht beeinflusst werden – weder vom Mitarbeiter oder Bewerber selbst noch vom Arbeitgeber. Entweder sie sind vorhanden oder sie sind es nicht. Fehlende Begabungen können nicht »antrainiert« werden, auch nicht mit noch so vielen Schulungen und Ausbildungen. Beeinflussbar hingegen sind die Stärken, die darauf schließen lassen, dass eine zugrundeliegende Begabung bereits bis zu einem gewissen Grad geformt und kultiviert wurde. Schulungen können in diesem Fall dazu beitragen, dass das Können noch weiter verbessert und der Fertigkeitsgrad erhöht wird – die Stärke also noch stärker zum Ausdruck kommt und das Mitarbeiterpotenzial erhöht wird.

Die falsche Fixierung auf Schwächen

Der Blick auf die Stärken eines Menschen ist in unserer Gesellschaft ebenso wie in der Wirtschaftswelt unüblich. Denn wir sind es gewohnt, uns immer nur mit den Schwächen zu befassen. Schon unser Schul- und Ausbildungssystem ist einseitig darauf ausgerichtet, Schwächen auszumerzen: In den Bereichen, in denen jemand schlechte Noten hat oder Misserfolge aufweist, soll er angeblich Versäumtes nachholen und seine Fehler korrigieren. Der Fokus liegt so stark darauf, die vermeintlichen Scharten auszuwetzen, dass vielen niemals in den Sinn kommt, ihre Stärken in den Vordergrund zu stellen und gezielt zu vermarkten. Dabei sind es doch die Stärken, um derentwillen jemand im Unternehmen beschäftigt wird, weil er genau damit einen Nutzen bietet! Niemand bekommt einen Arbeitsplatz aufgrund dessen, was er nicht kann, sondern aufgrund dessen, was er besonders gut kann.

Auf die Idee, dass wir Schwächen haben, kommen wir zumeist dann, wenn wir uns mit anderen vergleichen. Der eine kann etwas besonders gut, der andere hingegen kann dies nicht. Somit ist für den einen eine Schwäche, was für den anderen eine Stärke ist. Aus der Haltung des Vergleichs heraus meinen wir nun, es sei notwendig, die Schwäche auszubügeln. Doch Schwächen zu schwächen ist, bei Licht betrachtet, ein Fass ohne Boden, denn jeder Mensch hat bedeutend mehr Schwächen als Stärken. Schließlich ist es menschenunmöglich, alles gleichermaßen exzellent zu beherrschen. Meistens haben wir nur auf einem einzigen Gebiet oder in wenigen Bereichen eine Stärke – und ansonsten eher »Schwächen«.

Sonnenuhren im Schatten – Mitarbeiterfortbildung heute

Die Korrektur von Schwächen ist eine mühselige Angelegenheit, die häufig in einer Reihe von zusätzlichen, zeitaufwendigen und kostenintensiven Aus- und Fortbildungen endet – auch in den Unternehmen, die ihre Mitarbeiter schulen. Am Ende jedoch hat der Betreffende noch immer kein Profil entwickelt, sondern in einigen Gebieten lediglich den Durchschnitt erreicht, indem er annähernd so gut geworden ist wie andere auch. Die folgende Abbildung macht dies deutlich: Trägt man auf der x-Achse die Fähigkeiten ein und auf der y-Achse deren Ausprägung, so liegt etwa in der Mitte das durchschnittliche Niveau der Fähigkeiten aller Mitarbeiter oder Bewerber um eine Position. Es markiert gewissermaßen die Nulllinie, die Wahrnehmungsschwelle. Das heißt, was unterhalb dieser Linie liegt, wird nicht wahrgenommen; was hingegen oberhalb der Linie liegt, gibt jemandem ein Profil, denn es zeigt, worin er bedeutend besser ist als andere.

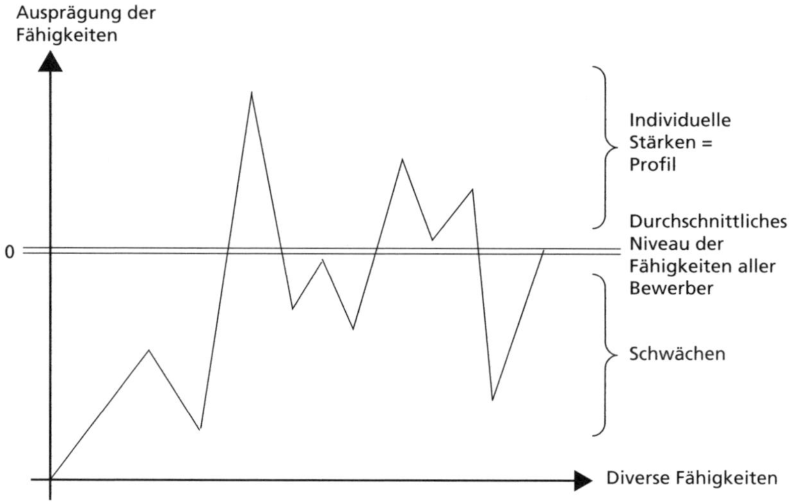

Viel effektiver, als Schwächen zu bekämpfen, ist es, sich auf die Stärken der Mitarbeiter zu konzentrieren und diese weiter auszubauen. Denn die Stärken bringen dem Unternehmen den größten Nutzen. Es ist einfacher, die sogenannten Schwächen der Mitarbeiter geschickt zu umschiffen oder durch die Stärken anderer Mitarbeiter oder Kooperationspartner zu kompensieren, als durch Schulungen auszugleichen.

Erfolgreiche Unternehmen leben von den Stärken ihrer Mitarbeiter

Das *Gallup*-Institut hat mittlerweile bei verschiedenen Befragungen mehr als 200 000 Unternehmen in der ganzen Welt unter die Lupe genommen: »Was glauben Sie, was Ihnen mehr hilft sich zu verbessern: die Stärken oder die Schwächen der Mitarbeiter zu kennen?« In nahezu allen Ländern, in denen diese Frage gestellt wurde – gleich ob USA, England, Frankreich, Kanada, China oder Japan –, lautete die Antwort übereinstimmend: Schwächen, nicht Stärken, verdienten die größte Aufmerksamkeit. Am meisten Wert auf die Stärken wurde noch in den USA gelegt, wo immerhin 41 Prozent der Befragten meinten, die Kenntnis der Stärken sei wichtiger als die der Schwächen. Am wenigsten Aufmerksamkeit finden die Stärken in China und Japan, wo nur 24 Prozent der Befragten sich auf die Stärken konzentrieren. Die Fokussierung auf Schwächen anstatt auf Stärken scheint ein weltweites und kulturübergreifendes Phänomen zu sein.

Gleichzeitig konnte *Gallup* aber auch statistisch ermitteln, dass Unternehmen, die Mitarbeitern die Gelegenheit geben, ihre Stärken auszuleben und auszubauen, weitaus erfolgreicher arbeiten als solche, die das nicht machen. Mitarbeiter, die täglich die Gelegenheit haben, das zu tun, was sie am besten können,

- arbeiten mit 50 Prozent höherer Wahrscheinlichkeit in einer Abteilung mit geringer Personalfluktuation,
- sind mit 38-prozentiger Wahrscheinlichkeit in produktiveren Geschäftsbereichen und
- mit 34-prozentiger Wahrscheinlichkeit in Geschäftsfeldern mit höherer Kundenzufriedenheit tätig.
- Geschäftsbereiche, in denen sich der Anteil der Mitarbeiter erhöhte, die ihre Stärken täglich einsetzen können, erlebten im Laufe der Zeit Steigerungen der Produktivität, der Kundentreue und der Mitarbeiterloyalität.

Umso erschreckender ist es andererseits, dass die meisten Unternehmen so wenig Kapital aus den Stärken ihrer Mitarbeiter schlagen: Weltweit haben nur 20 Prozent der Mitarbeiter in den untersuchten großen Unternehmen das Gefühl, dass sie ihre Stärken jeden Tag einsetzen können. Acht von zehn Mitarbeitern glauben hingegen, dass sie für ihre Aufgabe wenigstens teilweise eine Fehlbesetzung sind. 67 Prozent können der Aussage »Ich weiß, was von mir bei der Arbeit erwartet wird« nicht entschieden zustimmen.

Es lässt sich nur erahnen, wie groß das nicht ausgeschöpfte weltwirtschaftliche Potenzial ist, das in diesen Antworten liegt! Wenn man die Mitarbeiter überall und konsequent nach ihren Stärken in den Unternehmen einsetzen würde, ließen sich vermutlich nahezu alle derzeitigen weltwirtschaftlichen Probleme lösen.

Doch Unternehmen in aller Welt gehen bisher von der falschen Grundannahme aus, der größte Raum für die Leistungssteigerung von Mitarbeitern liege in deren Schwächen. Und auf dieser Voraussetzung basiert auch der Ansatz der Weiterbildung. Sie versuchen, ihren Mitarbeitern möglichst viel Wissen und Können zu vermitteln, in der Hoffnung, auf diese Weise ihre Ecken und Kanten abzuschleifen und am Ende die »rundum guten« Mitarbeiter zu haben. Doch damit laufen sie in eine selbst gestellte Falle.

Der unermüdliche Kampf gegen die Wissenslücken, vornehm »Entwicklungsfelder« genannt, kann jedoch einen Mangel an Talent in einem bestimmten Bereich niemals ausgleichen – ganz abgesehen davon, dass für jeden Menschen die dauernde Konzentration auf Defizite ermüdend und frustrierend ist. Die Entwicklung des Bewusstseins für vorhandene Stärken bleibt dabei ebenso auf der Strecke wie das von Mitarbeitern so oft vermisste Lob für herausragende Leistungen.

> **!** **Leistungsbeurteilungen und Entwicklungspläne für Mitarbeiter sind in den Unternehmen einseitig auf Schwächen ausgerichtet. Die Ausmerzung von Schwächen führt aber nur zu Durchschnitt und Mittelmaß, niemals zu exzellenten Leistungen.**

Der Blick auf den Durchschnitt macht blind für Spitzenleistung

Wir erleben in der heutigen Wirtschaftswelt eine seltsame Fixierung auf den Durchschnitt, der häufig auch mathematisch präzise ermittelt wird: Unternehmen haben einen »durchschnittlichen« Jahresumsatz und einen »durchschnittlichen« Umsatz pro Kunde und pro Mitarbeiter, Callcenter ermitteln die »durchschnittliche« Anzahl von Anrufen, die ein Mitarbeiter entgegennehmen oder tätigen kann. Im Vertrieb spricht man gerne von der »Quote« oder dem »Soll«, also dem Leistungsdurchschnitt, der als Maßstab dient, an dem der Erfolg des einzelnen Verkäufers gemessen wird. Auch Prämiensysteme orientieren sich am Durchschnittsdenken. Ein besserer Bewertungsmaßstab als der Durchschnitt wäre jedoch die Topleistung!

> **!** **Der Durchschnitt ist nicht geeignet, um Leistungsgrenzen von Mitarbeitern auszuloten. Er führt lediglich zu einer drastischen Unterschätzung des Potenzials und geradewegs in die unternehmerische Mittelmäßigkeit, nicht aber zu Spitzenleistungen.**

Der Glaube, jeder könne alles erreichen, wenn er sich nur Mühe gebe bzw. entsprechend lernwillig sei, bedeutet sowohl eine Übertreibung als auch eine Leugnung der Individualität des Einzelnen.

Es ist merkwürdig, dass sich Vorgesetzte intensiv mit den Bereichen von Mitarbeitern beschäftigen, in denen sie am wenigsten bewirken und verändern können, während sie diejenigen Gebiete vernachlässigen, wo sie am leichtesten eine Steigerung der Fähigkeiten und Fertigkeiten und damit eine Spitzenleistung erreichen könnten.

Führungskräfte sind oft so damit beschäftigt, die leistungsschwächeren Mitarbeiter zu »entwickeln«, dass sie Spitzenkräfte darüber vernachlässigen. Damit senden sie die paradoxe Botschaft aus: »Je besser deine Leistung ist, desto weniger Zeit habe ich für dich.« Dies wird von den Spitzenkräften als Gleichgültigkeit und Ignoranz bewertet.

Wenn die Topleute weitgehend sich selbst überlassen bleiben, suchen sie dementsprechend nach anderen Mitteln, um die Aufmerksamkeit auf sich zu ziehen – im Guten wie im Schlechten. Im Extremfall kann es sogar zum Mobbing kommen (vgl. dazu Kapitel 6).

Gute Führungskräfte hingegen gehen anders vor: Sie tragen der Individualität der einzelnen Mitarbeiter Rechnung, indem sie auch individuelle Vorgaben für die Fortbildung entwickeln. Dabei orientieren sie sich nicht an den Schwächen, sondern an den Stärken. Sie helfen den Mitarbeitern, sich dieser Stärken bewusst zu werden und sie weiter zu perfektionieren. So lernt der Mitarbeiter zu verstehen, warum ihm eine bestimmte Arbeit oder eine Arbeitsweise besonders liegt und wie er sie noch besser einsetzen kann. Außerdem sind Führungskräfte, die sich an den Stärken orientieren, bemüht, den Mitarbeitern Entlastung und Freiräume zu schaffen, damit sie ihre Talente zur Geltung bringen können.

Anhand der folgenden Aspekte können Sie überprüfen, ob Ihr Unternehmen bei der Fortbildung der Mitarbeiter den Fokus auf die Stärken oder auf die Schwächen legt:

- Gibt Ihr Unternehmen mehr Geld für die Ausbildung nach der Einstellung als für die Rekrutierung der Mitarbeiter aus? Wenn ja, so ist dies ein Indiz für die Schwächenfokussierung: Der »Reparaturdienst« soll als Schadensbegrenzung an den Mitarbeitern verbessern, was beim Casting versäumt wurde.

- Lenkt Ihr Unternehmen die Leistung der Mitarbeiter durch Regularien, Bürokratie, Arbeits- und Verfahrensregeln? Wenn ja, so zeigt dies, dass eine »Norm« oder ein »Durchschnitt« die Mitarbeiter in der individuellen Art, ihre Aufgaben zu bearbeiten, einengt.

- Sind Ihre Ausgaben für die Mitarbeiterfortbildung sehr hoch? Befassen Sie sich ausgiebig mit »Entwicklungsfeldern« und »Entwicklungsplänen« sowie mit »Wissenslücken«? Wenn ja, dann ist Ihr Unternehmen auf Schwächen ausgerichtet.

- Werden Mitarbeiter bei Ihnen auf der Grundlage von nachweisbaren »Erfahrungen« befördert anstatt auf der Basis von individuellen Vorlieben, Stärken und Fertigkeiten? Auch dies ist ein Indiz für den fehlenden Blick für Stärken.

Mitarbeiter, die ihre Stärken nicht einsetzen können, sind wie Sonnenuhren, die im Schatten stehen müssen.

> **!** **Holen Sie die Mitarbeiter und Ihr Unternehmen aus dem Schatten heraus und stellen Sie sie ins Licht!**

Wie aber können Sie die Stärken von Mitarbeitern feststellen?

Potenzialanalyse: Das strukturierte Persönlichkeitsinstrument und das strukturierte Teammodell

Es gibt mehrere wissenschaftlich untermauerte Persönlichkeitsmodelle, die es ermöglichen, bestimmte herausragende Merkmale, Eigenschaften und Fähigkeiten von Menschen zu ermitteln, also deren Potenziale. Sie lassen sich zum Beispiel vor der Einstellung von Mitarbeitern einsetzen, aber ebenso auf bereits eingestellte Mitarbeiter anwenden. Leider werden diese Instrumente noch immer zu wenig genutzt, weil man eher nach dem »Nasenfaktor« geht, anstatt sich auf fundierte Methoden zu verlassen.

Im Folgenden stellen wir Ihnen das *Clienting*®-Instrument vor, das auf einer von *Dr. William Moulton Marston* in den USA entwickelten Methode basiert. Es handelt sich um ein ausgereiftes psychometrisches Instrument, das wissenschaftlich durch zahlreiche Untersuchungen abgesichert und reliabel (verlässlich) sowie valide ist. Außer auf dem Modell von Marston basiert es auch auf dem Acht-Typen-Modell von *C. G. Jung* und *Jolande Jacobi*.

! **Mithilfe dieses Instruments können die individuellen Verhaltensmerkmale eines Menschen, seine Werte und Grundüberzeugungen sowie Potenziale festgestellt werden. Das Instrument ist einfach in der Durchführung, differenziert in den Anwendungsmöglichkeiten und spezifisch sowie aussagekräftig im Ergebnis. Durch eine permanente Weiterentwicklung des Systems kann jetzt auch die emotionale Intelligenz erfasst und beurteilt werden.**

Die Analyse kann unkompliziert von jedermann durchgeführt werden und wird auf wissenschaftlicher Basis im Hinblick auf eine ausführliche Beschreibung des Verhaltensstils, des Teamverhaltens, der typischen Kommunikationsstrukturen und der emotionalen Intelligenz ausgewertet. Die Trefferquote der Potenzialanalyse *(face validity)* beträgt weltweit über 90 Prozent.

Der Nutzen der Potenzialanalyse für den einzelnen Mitarbeiter liegt

- in der Erkenntnis der eigenen Verhaltensmuster und deren Wirkung auf andere,
- in der Erkenntnis der persönlichen Stärken als Ausgangspunkt für effizientes Handeln, größeres Selbstbewusstsein und höhere Motivation,
- im Erwerb von Wissen und dem Erlernen neuer Verhaltensweisen für den bewussten Umgang mit Kollegen und Kunden,
- in der Sensibilisierung für Trainings und Schulungen,
- in der Stärkung des Selbstwertgefühls,
- in erhöhter Leistungsbereitschaft und Flexibilität und
- in der Wahrnehmung der eigenen emotionalen Intelligenz.

Der Nutzen für das Unternehmen und für Vorgesetzte liegt

- im Vorhandensein eines neutralen Instrumentes als Kommunikationsgrundlage für Gespräche mit den Mitarbeitern,
- in der konkreten Anleitung für den individuellen Umgang mit Mitarbeitern,

- im Einsatz der richtigen Person am richtigen Platz,
- in der Verringerung der Fluktuation,
- in der Vorhersehbarkeit von Konfliktfeldern zwischen Teammitgliedern und Strategien zu deren Bewältigung,
- in der Möglichkeit, die Stärken der einzelnen Teammitglieder voll zur Geltung zu bringen, und
- in der Steigerung der Teameffizienz.

Bei Interesse wenden Sie sich an uns, wenn Sie die Analyse für einzelne Mitarbeiter oder Bewerber wie auch für ganze Teams durchführen lassen möchten.

Das Vierfarbmodell

Das Modell geht von vier Persönlichkeits-Grundtypen aus, die dann im weiteren Verlauf zu acht Rollen verfeinert werden. Wichtig ist, dass es keine »guten« oder »schlechten«, keine »richtigen« oder »falschen« Persönlichkeitsprofile gibt. Die Eigenschaften der einzelnen Typen sind vollkommen wertneutral zu sehen. Es kommt vielmehr darauf an, welches Profil die jeweilige Position und das Zusammenspiel im Team erfordert.

Der *rote Typ* ist entschlossen und sachorientiert; er ist seinem Wesen nach ein dominanter »Macher«, der anderen zeigt, wo es langgeht. In der Rolle des Chefs bzw. Vorgesetzten kann er sich optimal entfalten. Er ist derjenige, der die Regeln aufstellt, an denen sich andere orientieren müssen. Er hält sich selbst für fordernd, willensstark, zielgerichtet, ergebnis- und sachorientiert. Eigen- und Fremdwahrnehmung klaffen allerdings beim Roten ebenso wie bei den übrigen Typen auseinander, und daher sehen andere die Eigenschaften, die er selbst für positiv hält, teilweise in einem anderen Licht: Kollegen und Mitarbeiter halten den Roten oft für beherrschend, aggressiv, antreibend, intolerant und anmaßend.

Die Stärken des Roten liegen darin, dass er selbstbewusst und entschlossen auftritt, Herausforderungen liebt, zielstrebig ist und andere gut beeinflussen kann. Seine Schwächen zeigen sich darin, dass er ein schlechter Zuhörer ist, manchmal arrogant oder drängend wirkt und nicht das Feedback anderer abwartet.

Der *gelbe Typ* ist initiativ und sprudelt über vor Ideen. In der Rolle des Kreativen, gleich in welchem Beruf, kann er sich optimal einbringen. Er ist aktiv, aufgeschlossen und begeistert sich für alles Neue. Er steht für Veränderungen und Dynamik. Zu seinen typischen Eigenschaften gehören Umgänglichkeit, Enthusiasmus, Offenheit, Überzeugungskraft und Redegewandtheit. Andere jedoch nehmen den Gelben zuweilen als erregt, hektisch, sprunghaft, indiskret, extravagant und voreilig wahr.

Zu seinen Stärken gehört, dass er rasch Beziehungen aufbauen kann, freundlich und gesellig ebenso wie anpassungsfähig und fantasievoll sowie geschickt im Präsentieren ist. Seine Schwächen zeigen sich darin, dass er zuweilen zu wenig selbstbewusst auftritt, manchen Menschen durch seine begeisterungsfähige Art lästig wird, generell schlecht plant und es auch an der Ausführung von geplanten Aufgaben hapern lässt. Außerdem verliert er leicht das Interesse an einer Sache.

Der *grüne Typ* ist stetig, geduldig und menschenorientiert. In der Position des Helfers kann er sich gut entfalten; man könnte sich den Grünen zum Beispiel im Beschwerdemanagement vorstellen, wo er geduldig auf alle Fragen eine Antwort findet und durch seine mitfühlende, ermutigende und vertrauensvolle Art unzufriedene Kunden beruhigt und zufriedenstellt. Der Grüne ist ein guter Planer, wobei er die Sicherheit klarer Vereinbarungen und vorhersehbarer Abläufe benötigt. Er unterstützt die Ziele und Ideen anderer, ohne selbst Ideen zu entwickeln. In der Wahrnehmung seiner Mitmenschen ist der Grüne fügsam, indifferent, schnell beleidigt, abhängig und stur.

Zu den Stärken des Grünen gehört die Fähigkeit, tiefe, dauerhafte Beziehungen aufzubauen, ein guter Zuhörer, offen und herzlich im Umgang mit anderen zu sein und hartnäckig am Ball zu bleiben. Schwächen zeigt er, weil er sich nur langsam an Dinge und Verfahrensweisen anpasst, manchmal wenig Begeisterung mitbringt, Ablehnung meidet und Schwierigkeiten persönlich nimmt.

Der *blaue Typ* ist gewissenhaft und bevorzugt Ordnung, feste Regeln, Vorschriften und Disziplin. Er ist präzise, besonnen und hinterfragend. Man kann sich den Blauen zum Beispiel gut als Sachbearbeiter in einer Behörde, als Kassierer in einer Bank oder als Controller in einem großen Unternehmen vorstellen. In seiner analytischen Art untersucht und kontrolliert er die Dinge sehr genau und berücksichtigt alle Einzelheiten. Abläufe kann er minutiös schildern, auch wenn er sie nicht verstanden hat. Der Blaue sieht sich selbst als vorsichtig, besonnen, präzise und formal. In den Augen anderer wirkt er jedoch oft steif, misstrauisch, kalt, reserviert und unentschlossen.

Zu den Stärken des Blauen gehört, dass er sachkundig und genau arbeitet, Kompetenz ausstrahlt, tiefschürfende Fragen stellt und gründlich alle Schritte sowie *Follow-ups* beachtet. Er tut die Dinge richtig, allerdings – und das gehört zu seinen Schwächen – nicht unbedingt auch die richtigen Dinge. Denn er kann sich zuweilen in unwesentlichen Details verlieren. Die erste Begegnung mit ihm kann schwierig und steif sein, denn seine bohrenden Fragen wirken auf andere manchmal kritisch und rücksichtslos. Dadurch sieht es aus, als ob er über die Gefühle anderer hinweggeht.

	Rot	Gelb	Grün	Blau
Natürliche Tendenz	Führt andere durch Direktheit	Interagiert mit anderen	Unterstützt die Ziele anderer	Handelt eigenständig und gewissenhaft
Emotion	Ärger	Optimismus	Beherrscht seine Emotionen	Angst
Angst	vor Übervorteilung	vor sozialer Ablehnung	vor Sicherheitsverlust	vor Kritik an der eigenen Arbeit
Verhalten bei Überbeanspruchung	Dirigiert zu viel	Redet zu viel	Stimmt zu viel zu	Fragt zu viel

Die Ausdifferenzierung in acht Rollen

Die vier Typen lassen sich in acht Rollen untergliedern bzw. verfeinern:

- Der *Direktor* (rot) zeichnet sich durch extravertiertes spekulatives Denken aus. Er ist kämpferisch, mag Konfrontationen, ist direkt, ergebnisorientiert, treibt Veränderungen voran und hat einen Sinn für Dringlichkeit.
- Der *Motivator* (mit roten und gelben Anteilen) ist extravertiert und intuitiv. Er ist veränderungsbereit, unabhängig und optimistisch.
- Den *Inspirator* (gelb) zeichnet extravertiertes, intuitives Fühlen aus. Er ist vertrauensvoll, kontaktfreudig, hat keine Angst vor Veränderungen, redet mehr, als er zuhört, und ist selbstsicher im Auftreten.
- Beim *Berater* (gelb / grün) steht statt des Denkens das Fühlen im Vordergrund. Er ist hilfsbereit, ein Teamplayer, beharrlich, kooperativ und rücksichtsvoll.
- Den *Unterstützer* (grün) kennzeichnet introvertiertes, sensitives Fühlen. Er ist kulant, geht Konfrontationen aus dem Weg, beherrscht seine Emotionen, ist anpassungsfähig, ein guter Zuhörer und beharrlich.
- Der *Koordinator* (grün / blau) ist als introvertierter Sensitiver produktorientiert, wenig veränderungsbereit, diszipliniert und pessimistisch.
- Der *Beobachter* (blau) geht mit seinem introvertierten empirischen Denken präzise und akkurat vor, ist qualitätsbewusst und ein kritischer Zuhörer mit Sinn für Details.
- Der *Reformer* schließlich (blau / rot) ist ein Denker, der langsam am Start, aber schnell am Ziel ist, außerdem unentschlossen und sprunghaft wirkt.

	Natürliche Kompetenzen	Arbeits-tendenzen	Dinge, auf die der Betreffende nicht anspricht
Direktor	Menschlich	Ergebnisse erzielen	Befolgen von Anweisungen, häufiger Stillstand
Motivator	Menschlich	Ergebnisse durch andere erzielen	Standardisiertes, strukturiertes, gleichförmiges Vorgehen
Inspirator	Menschlich	Durch Ideen inspirieren	Recherchen anfordern, dasselbe für jeden oder Ausgereiftes verlangen, theoretisch vorgehen
Berater	Technisch und menschlich	Durch Ideen inspirieren und sie umsetzen	Leute vor vollendete Tatsachen stellen, abstrakt bleiben
Unterstützer	Technisch	Einen gegebenen Plan umsetzen	Durchgreifende Änderungen und Innovationen verlangen, auf Sieg setzen
Koordinator	Konzeptuell und technisch	Einen gegebenen Plan umsetzen und feinabstimmen	Innovationen, Revolutionäres, Durchbrüche verlangen
Beobachter	Konzeptuell	Einen gegebenen Plan integrieren	Experimentell oder nach Instinkt vorgehen
Reformer	Menschlich und konzeptuell	Kreative Ideen erdenken und umsetzen	Nach (Bauch-)Gefühl oder Meinung fragen oder danach vorgehen

Das Inside-Rad veranschaulicht den Zusammenhang des Vierfarbmodells mit den acht Rollen.

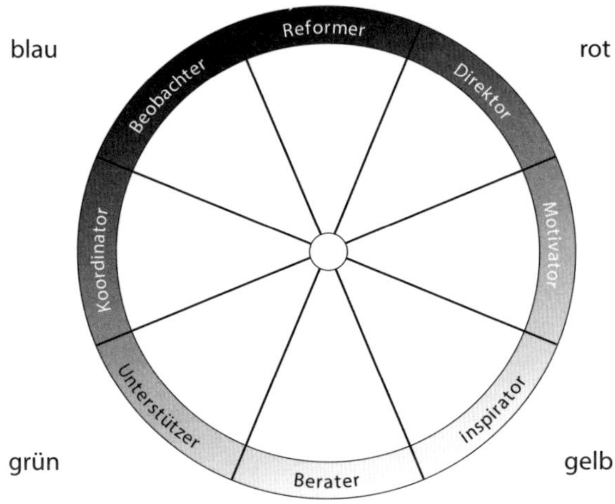

Der natürliche und der adaptierte Verhaltensstil

Mithilfe dieses Instruments lassen sich zusätzlich der natürliche und der adaptierte Verhaltensstil eines Menschen ermitteln. Der natürliche Stil oder Grundstil markiert die natürliche »angeborene« Tendenz, in Situationen zu agieren und zu reagieren. Der adaptierte Stil ist derjenige, der im Laufe der Jahre bedingt durch das soziale Umfeld wie auch durch berufliche Aufgaben angenommen wurde.

Bei fast allen Menschen klaffen die beiden Stile ein wenig auseinander. Liegen sie jedoch zu weit auseinander, so ist dies ein sicheres Zeichen dafür, dass jemand nicht seine Stärken lebt, sondern im Beruf nur eine »Rolle spielt«, die ihm im Grunde nicht liegt und auch keinen Spaß macht.

> **!** **Ideal ist es, wenn der natürliche und der adaptierte Verhaltensstil eng beieinanderliegen, denn dies zeugt davon, dass jemand seine wahren Potenziale an seinem Arbeitsplatz in hohem Maße auslebt.**

Direktor (rot) und *Motivator* (rot / gelb) zum Beispiel sind zwei Verhaltensstile, die relativ eng beieinanderliegen und miteinander harmonieren. *Inspirator* (gelb) und *Koordinator* (grün / blau) hingegen sind Verhaltensstile, die sehr weit voneinander entfernt liegen: Der *Inspirator* ist jemand, der von Natur aus kreative Ideen einbringt und Innovationen liebt, als *Koordinator* jedoch ist er wenig veränderungsbereit und nicht aufgeschlossen für Neues. Beide Verhaltenstendenzen bremsen sich also gegenseitig aus.

Eine solche Kombination gegensätzlicher Verhaltensstile weist darauf hin, dass jemand schon sehr lange nicht mehr sein natürliches Potenzial an seinem Arbeitsplatz einbringen konnte und in Positionen hineingebracht oder -gedrängt wurde, die ihm überhaupt nicht liegen. Dies führt nicht nur zur Unzufriedenheit am Arbeitsplatz, sondern auch über kurz oder lang dazu, dass der Betreffende es nicht mehr schafft, seine gespielte Rolle aufrechtzuerhalten und den Leistungsanforderungen gerecht zu werden. Der Person wird im günstigen Fall entweder vom Arbeitgeber gekündigt werden oder sie wird von sich aus kündigen und sich einen anderen Arbeitsplatz suchen. Im ungünstigen Fall wird sie verstärkt mit Krankheit und Arbeitsausfall reagieren oder sich in die Schar der unengagierten »innerlich Gekündigten« einreihen, eventuell sogar versuchen, mit übler Nachrede oder Mobbing ihre Interessen durchzusetzen. Untersuchungen belegen, dass von denen, die entlassen werden, doppelt so viele nicht in ihren Job gepasst haben, als dies bei der idealen Besetzung der Fall gewesen wäre. Das sollte wirklich nachdenklich stimmen.

Anhand der Analyse lässt sich genau festlegen, welche Arbeitsstellen mit welchen Anforderungen am besten mit welchen Mitarbeitern besetzt werden. Glücklicherweise gibt es dabei eine gewisse Bandbreite im Farbenspektrum, sodass die Auswahl nicht zu stark eingeengt werden muss. Ideal ist die *richtige* Person im *richtigen* Job; die richtige Person am *falschen* Platz führt nur zu durchschnittlichen Leistungen, während die *falsche* Person im *falschen* Job nur Probleme hervorruft und auch alle Kollegen demotiviert.

Eine wissenschaftlich und methodisch saubere Analyse der Mitarbeiterpotenziale ist allemal eine bessere Grundlage als der »Nasenfaktor«. Führungskräfte neigen wie alle Menschen von Natur aus dazu, bei der Einstellung Leute zu bevorzugen, die ihnen ähnlich sind. Sympathie und Antipathie werden innerhalb der ersten Sekunden erzeugt und verfestigen sich innerhalb weniger Minuten. Dieser Primacy-Effekt ergibt sich aus dem eigenen Filter heraus. Ein Gelber zum Beispiel wird von der Begeisterungsfähigkeit, Offenheit und Kreativität eines Bewerbers angetan sein, weil er sich selbst darin wie in einem Spiegel wiedererkennt. Für eine Zusammenarbeit im Team allerdings wäre möglicherweise ein Blauer besser, der die überschäumenden Ideen des Gelben kritisch prüft, und ein Grüner, der sie in die Praxis umsetzt. Schauen wir uns also das Zusammenspiel der Persönlichkeitsprofile im Team genauer an.

Rollen im Team

Noch immer wird in Unternehmen viel zu wenig auf die Zusammensetzung von Teams geachtet. Häufig werden Leute aus verschiedenen Abteilungen bunt zusammengewürfelt, wobei ausschließlich nach fachlicher Kompetenz ausgewählt wird, ohne dass die unterschiedlichen Persönlichkeitsprofile berücksichtigt werden. Häufig wundert man sich dann, dass bei der Teamarbeit nichts herauskommt und das Wort »Team« nur die Abkürzung für »Toll, ein anderer macht's« ist.

! **»Die meisten Organisationen sind ein Puzzle, das in einem abgedunkelten Raum zusammengefügt wurde. Jedes Teil wird unbeholfen an seine Stelle gedrückt, und dann werden die Kanten gerieben, sodass sie sich einpassen. Aber ziehen Sie die Vorhänge auf, lassen Sie ein wenig Licht in den Raum, dann sehen Sie die Realität. Acht von zehn Teilen sitzen an der falschen Stelle.« (Buckingham / Clifton 2002)**

Das Zusammenspiel der unterschiedlichen Typen bzw. Rollen im Team entscheidet darüber, ob ein Projekt oder eine Arbeit erfolgreich entwickelt, durchgeführt und abgeschlossen wird. Ein ausgewogenes und produktives Team besteht meistens aus Mitarbeitern mit unterschiedlichen Persönlichkeitsprofilen.

Man stelle sich einmal folgende Extremfälle vor:

- In einem Team, in dem es nur Rote gibt, wollen alle das Sagen haben, und jeder weiß es besser, weil er der Chef ist. Die lautstarken Konflikte der ungeduldigen »Chefs« untereinander führen dazu, dass man sich auf keine gemeinsame Linie einigen kann und die Arbeit auch von niemandem ausgeführt wird.

- Ein Team, in dem es nur Gelbe gibt, sprudelt über vor kreativen Ideen. Alle paar Minuten kommt ein neuer großartiger Vorschlag auf die Tagesordnung, für den sich sofort sämtliche Teammitglieder rückhaltlos begeistern. Die Stimmung ist bestens, Konflikte gibt es keine – dafür aber auch keine Ergebnisse, denn man will sich weder auf eine der vielen guten Ideen verbindlich festlegen, noch finden sich Leute, die die Ideen auch tatsächlich realisieren.

- In einem Team, in dem es nur Grüne gibt, wird eine vertrauensvolle, harmonische Atmosphäre aufgebaut. Geduldig und entspannt hört man einander zu, doch leider gibt es keine neuen Ideen, Problemlösungen oder Ansätze. Denn aus lauter Angst, etwas Neues zu riskieren, bewegt man sich nur in gewohnten Fahrwassern. Da es keinen Chef gibt, der vorgibt, was zu tun ist, leidet die Gruppe unter einer gewissen Irritation, weil sie eigentlich gar nicht weiß, worin ihre Aufgabe besteht. Dennoch wird mit guter Bewirtung dafür gesorgt, dass sich alle rundum wohl fühlen.

- In einem hermetisch abgeriegelten Team mit lauter Blauen ist die Atmosphäre zunächst frostig und steif. Langsam taut sie durch ein wechselseitiges Frage- und Antwortspiel auf, sofern sich nicht jemand durch kritische Fragen beleidigt oder provoziert fühlt. Auch in diesem Team gibt es keine neuen Ideen oder kreativen Ansätze zur Problemlösung, dafür vertieft man sich in Detailanalysen der bereits vorhandenen Lösungen, um dort vergeblich nach einem neuen Ansatz zu suchen. Doch es ist nicht möglich, in eine neue Richtung zu sehen, indem man schärfer in die bisherige schaut. Zu Aktionen kommt es bei den Blauen gar nicht, denn man wird mit den aufwendigen, facettenreichen und präzisen Analysen aller Details niemals fertig – man folgt allseits dem Motto »Lieber haargenau falsch als ungefähr richtig«.

In einem ausgewogenen Team hingegen gibt ein dominanter Roter als Chef vor, was zu tun ist. Die Gelben entwickeln daraufhin kreative Problemlösungsansätze, die dann von den Blauen kritisch durchleuchtet werden. Ist eine gemeinsame Linie bzw. Idee gefunden, der der Rote zugestimmt und die er als Marschrichtung vorgegeben hat, so wird sie von den Grünen Schritt für Schritt in die Tat umgesetzt.

> **!** **Das ideale, produktiv arbeitende Team besteht aus einer Kombination aller Farben. Auf diese Weise kommen die Stärken jedes Einzelnen optimal zur Geltung, ohne dass die Schwächen allzu sehr ins Gewicht fallen.**

Die unterschiedlichen Denk- und Verhaltensmuster der acht Rollen führen zu typischen Stärken wie auch Frustrationen im Zusammenspiel eines Teams. Aufgabe eines Teamleiters ist es, die Stärken jedes Mitglieds zu erkennen und ihm dementsprechend den geeigneten Platz zuzuweisen, sodass jeder seine persönlichen Stärken zum Wohle des Ganzen ausspielen kann. Teammitglieder sind manchmal frustriert von den Denk- und Verhaltensmustern ihrer Kollegen. Es ist die Irritation darüber, dass der andere nicht so denkt und handelt wie man selbst. Dies ist in einem gewissen Rahmen durchaus normal und produktiv; der Teamleiter sollte solche Frustrationen abbauen, indem er den Teammitgliedern die unterschiedlichen Stärken der Einzelnen und ihren Wert für das Ganze bewusst macht. Damit werden das gegenseitige Verständnis und die Toleranz untereinander gefördert.

Die folgende Tabelle zeigt die Stärken der Einzelnen wie auch die Vorwürfe, mit denen sie vonseiten der anderen zu rechnen haben.

	Stärken im Team	**Eigene Einstellung und Vorwürfe, die andere dagegen vorbringen**
Direktor	Übernimmt die Führung und treibt die anderen entschieden an	Wir haben viel Arbeit vor uns, die sofort erledigt werden muss. – »Treiben Sie uns nicht an!«
Motivator	Hat das große Ganze und die Zukunft im Blick, dringt in neue Bereiche vor, entwickelt Innovationen	Innovationen bringen uns neue Aufträge. – »Kommen Sie nicht immer mit neuen Ideen!«
Inspirator	Unterstützt als »Networker« das Verbindungsnetz zwischen den Kollegen, ist initiativ, begeistert andere	Für den Erfolg ist Spaß wichtig. – »Reden Sie nicht so viel!«
Berater	Menschen und das Menschliche stehen für ihn im Vordergrund, unterstützt andere, akzeptiert Entscheidungen	Die Bedürfnisse jedes Einzelnen sollten beachtet werden. – »Machen Sie sich nicht dauernd Sorgen um die Kollegen!«
Unterstützer	Akzeptiert neue Ideen, ist flexibel und einsichtig	Indem wir unsere tiefsten Überzeugungen erkunden, bleiben wir auf dem richtigen Weg. – »Seien Sie nicht gleich beleidigt!«

	Stärken im Team	Eigene Einstellung und Vorwürfe, die andere dagegen vorbringen
Koordinator	Kümmert sich auf der Basis der ihm bekannten Fakten und Abläufe um Details und Organisation	Präzision hilft, gute Arbeit zu leisten. – »Seien Sie nicht so kleinlich!«
Beobachter	Denkt theoretisch und tiefgehend über Probleme nach, behält die Infrastruktur im Blick	Die Analyse von Konzepten ist notwendig, um effektiv arbeiten zu können. – »Seien Sie nicht so theoretisch!«
Reformer	Deckt durch logische Erörterungen Widersprüche auf, bedenkt auch die Gegenseite, überlegt und reagiert	Manchmal braucht das Team einen Tritt, um vorwärts zu kommen. – »Seien Sie nicht zu grob!«

Wir stützen uns hier im Wesentlichen auf den Erkenntnissen, Methoden und Verfahren der *Insights MDI International, Management Development Instruments*. Wir setzen sie seit Jahren erfolgreich ein.

Weitere Instrumente zur Stärkenermittlung

Wie wir bereits andeuteten, gibt es neben dem vorgestellten Analyse-Instrument weitere Instrumente, die dabei helfen, die Stärken des Einzelnen zu ermitteln. Es ist hier nicht der Ort, um sie im Einzelnen vorzustellen, dennoch sollen sie kurz erwähnt werden:

- Das *Struktogramm* geht von einer Dreiereinteilung aus, die auf der Dominanz jeweils bestimmter Hirnareale beruht. Damit lassen sich sowohl individuelle Stärken als auch eine optimale Teamzusammensetzung ermitteln.
- Der *Myers-Briggs-Typen-Indikator (MBTI)* stammt aus der Psychologie und erfasst 16 Persönlichkeitstypen.
- Das *DISG-Persönlichkeitsprofil* ist dem hier vorgestellten Instrument ähnlich, beruht ebenfalls auf einem Vierquadrantenmodell und geht gleichfalls auf *William Moulton Marston* zurück.

- Das *Herrmann-Dominanz-Instrument (H.D.I.)* beruht auf einer Selbsteinschätzung der bevorzugten Denk- und Verhaltensstile und ihrer Verteilung. Es kann durch Feedback von anderen untermauert werden.

- Das *StrengthFinder-Profil* des *Gallup*-Instituts ermittelt individuell aus 34 Talent-Leitmotiven die fünf am stärksten dominierenden Motive, die sogenannten *Signatur-Talente.* Auf diese Weise kann der Einzelne für sich herausfinden, wo er das größte Potenzial für eine Stärke hat.

> **!** **Wichtig ist weniger, welches Instrument Sie benutzen, als dass Sie überhaupt ein Instrument in Ihrem Unternehmen durchgehend verwenden, um die Stärken der Mitarbeiter gezielt zu erfassen und sie dementsprechend auszuwählen sowie einzusetzen.**

Unternehmenserfolg im Spiegel der Mitarbeiterzufriedenheit

Wer die Stärken seiner Mitarbeiter kennt und sie am richtigen Platz einsetzt, fördert wesentlich ihre Zufriedenheit. Der Faktor »Mitarbeiterzufriedenheit« wird in den Unternehmen noch immer massiv unterschätzt. »Ein Unternehmen ist doch keine Veranstaltung, damit Menschen glücklich werden« – so könnte man die herrschende Anschauung darüber umreißen. Doch diese Ansicht ist inzwischen durch zahlreiche Studien und Untersuchungen widerlegt! Die Zufriedenheit der Mitarbeiter wirkt sich nämlich auf die Produktivität und Rentabilität von Unternehmen aus, und zwar in sehr hohem Maße. Und auch das ist nur die Vorstufe. Denn Mitarbeiterzufriedenheit ist nur die Vorstufe zur Mitarbeiterbegeisterung.

Gallup-Studien zum Engagement am Arbeitsplatz in Deutschland

Seit 2001 führt *Gallup* jährlich eine statistisch repräsentative Analyse zum Engagement von Mitarbeitern an ihrem Arbeitsplatz durch. Bereits 2001 ermittelte *Gallup*, dass 84 Prozent der Arbeitnehmer in Deutschland keine echte Verpflichtung ihrer Arbeit gegenüber empfinden, wobei sogar 15 Prozent als »aktiv unengagiert« bezeichnet wurden, also im Grunde bereits innerlich gekündigt haben. Als wichtigsten Grund für das fehlende Engagement geben die Mitarbeiter selbst das schlechte Management in den Unternehmen an: *Die unengagierten Arbeitnehmer beklagen, dass sie nicht wissen, was von ihnen erwartet wird, ihre Vorgesetzten sich nicht für sie als Menschen interessieren und sie Positionen einnehmen müssen, die ihnen nicht liegen* – mit anderen Worten: Ihre Stärken bleiben unerkannt und liegen brach.

Ist das Ergebnis, dass lediglich noch 16 Prozent aller Mitarbeiter sich an ihrem Arbeitsplatz engagieren, schon haarsträubend genug, so wird es noch viel schlimmer, wenn man sich die finanziellen Folgen ansieht: Der gesamtwirtschaftliche Schaden, den das mangelnde Engagement am Arbeitsplatz bewirkt, lag 2001 im dreistelligen Milliardenbereich. Hinzu kommen die hohe Personalfluktuations- sowie die Krankheitsrate, die noch einmal Kosten in Höhe von mehreren Milliarden Euro jährlich in den Unternehmen verursachen.

! ***Gallup*** **hat errechnet: Wenn ein Unternehmen hierzulande mit 20000 Mitarbeitern die Gruppe der »aktiv unengagierten« Mitarbeiter um nur fünf Prozent verringern könnte, so würde es seinen Gewinn um rund 5,6 Millionen Euro jährlich erhöhen. Gar nicht auszudenken, wie sehr sich die Produktivität und die Rentabilität steigern ließen, wenn ein solches Unternehmen zu mehr als 50 Prozent engagierte Mitarbeiter besäße!**

In den Folgejahren hat sich die Situation gegenüber früher weiter verschlimmert: Die Höchstzahl der unengagierten Mitarbeiter gab es im Jahr 2007 mit 88 Prozent. Das sind Zahlen, wie sie alarmierender nicht sein könnten. Die Unengagierten und aktiv Unengagierten wollen lieber heute als morgen den Arbeitgeber wechseln. Mitarbeiter ohne emotionale Bindung an ihren Job arbeiten aktiv gegen die Interessen ihres Arbeitgebers, haben die innere Kündigung bereits vollzogen, sind in ihrer Arbeitssituation unglücklich, fühlen sich gestresster und sind letztlich unzufriedener mit ihrem Leben.

Schauen wir uns die aktuellen Zahlen im Jahr 2015 an: Nach einer *Gallup*-Pressemeldung im Jahr 2016 lauten sie wie folgt: »Nur 16 Prozent der Arbeitnehmer sind mit Herz, Hand und Verstand bei der Arbeit. Die große Mehrheit, 68 Prozent der Beschäftigten, machen lediglich Dienst nach Vorschrift und 16 Prozent der Werktätigen sind emotional ungebunden und haben innerlich bereits gekündigt. (...) Der deutschen Wirtschaft entstehen durch die mangelnde emotionale Bindung in den Unternehmen erhebliche Kosten: Sie verliert durch Produktivitätseinbußen jährlich zwischen 76 und 99 Mrd. Euro.«

Und das ist das wahrhaft Irritierende an diesen Zahlen: Seit 2001 hat sich, im Vergleich zu 2015, *nichts* geändert! Der *Gallup*-Engagement-Index besagt, dass eine hohe emotionale Bindung bei 16 Prozent der Mitarbeiter vorliegt – sowohl 2001 als auch 2015. Und 84 Prozent weisen eine geringe oder keine emotionale Bindung auf – sowohl 2001 als auch 2015.

In Ostdeutschland ist fehlendes Engagement am Arbeitsplatz weiter verbreitet als in Westdeutschland, im Norden stärker als im Süden, unter den über 45-Jährigen höher als unter den Jüngeren, unter Männern stärker als unter Frauen und unter Mitarbeitern mit Hauptschulabschluss größer als unter solchen mit höheren Qualifikationen. Allgemein ist das Engagement in der Dienstleistungsbranche am höchsten, gefolgt vom verarbeitenden Gewerbe und vom Handel. Gemessen an anderen Ländern ist die Ausprägung des fehlenden Engagements in Deutschland besonders hoch; deutlich niedriger liegt sie zum Beispiel in den USA, Kanada und Großbritannien.

Weitere Untersuchungen

Die Ergebnisse von *Gallup* werden von anderen Untersuchungen erhärtet und bestätigt. Das Beratungsunternehmen *Aon Hewitt* zum Beispiel hat festgestellt, dass es weltweit dem Engagement der Mitarbeiter an Schwung fehlt, die Werte stagnieren seit 2010 auf einem Tiefstand. Die Europäer liegen mit einem Wert von 50 Prozent engagierter Mitarbeiter sogar noch unter dem niedrigen globalen Durchschnitt. Das ergab zum dritten Quartal 2011 die Auswertung der Globalen Engagement-Datenbank von *Aon Hewitt*, die Informationen von 5700 Arbeitgebern mit über fünf Millionen Arbeitnehmern umfasst.

Hewitt Associates beweist den direkten Zusammenhang zwischen dem Engagement der Mitarbeiter und dem finanziellen Erfolg des Unternehmens: Bei einer Befragung von weltweit 1500 Firmen wurde 2003 festgestellt, dass Unternehmen mit nachweisbar hohen Engagement-Werten einen deutlich höheren *Total Shareholder Return* (TSR) aufweisen als solche mit niedrigem Mitarbeiter-Engagement.

- Bei einem Engagement-Wert zwischen 60 und 100 Prozent erzielten Firmen einen TSR von 24,2 Prozent,
- bei mittlerem Engagement von 40 bis 60 Prozent nur einen TSR von 9,1 Prozent und
- bei einem Engagement von unter 25 Prozent war der TSR negativ.

Diese Ergebnisse widerlegen die oft vertretene Ansicht, positive finanzielle Ergebnisse von Unternehmen führten zu einem höheren Engagement in der Mitarbeiterschaft. Vielmehr ist es genau umgekehrt! Engagiertere Mitarbeiter tragen maßgeblich zu höheren Gewinnen bei.

! **Mehrere wissenschaftliche Studien zeigen deutlich: Die Zufriedenheit von Mitarbeitern am Arbeitsplatz zahlt sich für Unternehmen in barer Münze aus. Nichts kann Unternehmen mehr beflügeln, als Mitarbeiter ihren Stärken entsprechend an den richtigen Positionen einzusetzen und sie damit glücklich zu machen!**

Viele Unternehmen wissen das. Vor allem Mittelständler engagieren sich darum außergewöhnlich im Personalmanagement. Wie das funktionieren kann, zeigen zwei Beispiele.

Ein Marktführer im Bereich Regel- und Armaturentechnik mit einer großen Anzahl von Patenten bemüht sich um eine nachhaltige Personalplanung, deren Hauptziel es ist, Mitarbeiter langfristig zu gewinnen. So kann es vorkommen, dass Wunschkandidaten auch schon einmal »auf Vorrat« eingestellt werden, selbst wenn derzeit noch kein Bedarf vorhanden ist und die Betreffenden erst einmal an ihre späteren Aufgaben herangeführt werden müssen. Man möchte die High Potentials bereits frühzeitig aufbauen, um fachlich und sozial kompetenten Nachwuchs aus den eigenen Reihen für Führungsaufgaben zu gewinnen.

Das Unternehmen hat eine sehr niedrige Personalfluktuation, eine hohe Ausbildungsquote von sechs Prozent und eine schriftlich fixierte Personalstrategie. Mitarbeiter haben innerhalb der Unternehmensgruppe vielfältige Entwicklungsmöglichkeiten. Besonderes Augenmerk gilt dem teamorientierten, eigenverantwortlichen Handeln im Umgang mit anspruchsvollen Kunden, die immer kürzere Lieferzeiten und höchste Qualität erwarten. Mitarbeiter werden durch pfiffige Weiterbildungsmaßnahmen unterstützt, und das erfolgsabhängige Entlohnungssystem ist ein zusätzlicher Anreiz, sich den Aufgaben flexibel und engagiert zu widmen. Bei dem Unternehmen arbeiten Mitarbeiter – was heute eher die Ausnahme ist – häufig ein gesamtes Berufsleben lang.

Einer der großen Anbieter von Dachbausystemen und Dachbaustoffen in Deutschland führt in allen Bereichen des Unternehmens regelmäßig Potenzialerhebungen durch. Diese dienen der systematischen individuellen Entwicklungs- und Karriereplanung sowie der bedarfsorientierten Qualifizierung und Weiterbildung der Beschäftigten.

Ein wichtiges Instrument sind Anforderungsprofile, die die wesentlichen Kriterien für die beruflichen Positionen und deren Gewichtung enthalten. Sie werden regelmäßig überprüft und auf die zukünftigen Aufgaben ausgerichtet. Die Potenzialerkennung von Mitarbeitern erfolgt in einem Wechselspiel zwischen Selbst- und Fremdeinschätzung durch den Vorgesetzten. Weitere Verfahren wie Tests, Gruppen- und Einzelübungen tragen dazu bei, dass ein komplettes Bild der Fähigkeiten, der Fertigkeiten und des Potenzials der Mitarbeiter entsteht. Daraus werden dann individuelle Lern- und Entwicklungsziele abgeleitet und in Schulungsprogrammen erarbeitet. Die daraufhin erfolgenden kontinuierlichen Lerntransferkontrollen erlauben gegebenenfalls eine rechtzeitige Anpassung der Programme.

Die Mitarbeiter in den Mittelpunkt stellen

Die Beispiele machen es deutlich: Erfolgreiche Unternehmen stellen ihre Mitarbeiter stärker in den Mittelpunkt als erfolglose oder wenig erfolgreiche. Im Grunde genommen sind die Mitarbeiter für ein Unternehmen Lieferanten: Sie liefern ihre Arbeitskraft ab und werden dafür bezahlt. So wie jeder auswärtige Lieferant besser und reibungsloser »funktioniert«, wenn wir zu ihm auf der Sympathieebene Kontakt halten, genauso wird der Mitarbeiter, den wir als Mensch achten, dem Unternehmen erfolgreicher dienen als derjenige, der lediglich als Tagelöhner angesehen und auch so behandelt wird.

Im Zentrum unternehmerischen Denkens und Handelns steht der Mensch: Wir sind Menschen, die Menschen beschäftigen, um mit Menschen Geschäfte zu machen.

Mit *Clienting®* haben wir drei Stufen der Entwicklung in der Kundenbeziehung festgehalten, die analog auch für Mitarbeiter im *Employer Clienting®* gelten:

1. die Mitarbeiterzufriedenheit
2. die Mitarbeiterbeziehungsnetzwerke
3. die Mitarbeitererfolgssteigerung

Mitarbeiterzufriedenheit ist die unterste Stufe, die Basis. Wenn diese Grundlage nicht gegeben ist, ist das Unternehmen auch finanziell nicht gut aufgestellt, wie wir an den statistischen Untersuchungen gesehen haben. Mitarbeiter sind dann zufrieden, wenn sie das Gefühl haben, an der richtigen Stelle zu stehen und ihre Stärken am Arbeitsplatz aktiv einbringen zu können.

Doch mit der ersten Stufe endet das Konzept nicht. Ist die Mitarbeiterzufriedenheit gegeben, so intensivieren sich auch die Beziehungsnetzwerke: Die Kontakte innerhalb der Belegschaft werden enger, Teams arbeiten harmonischer und konstruktiver zusammen, und auch die Beziehungen zu den Kunden werden enger.

Engere Kundenbeziehungen sorgen dafür, dass sich Unternehmen besser auf die Wünsche und Bedürfnisse der Kunden einstellen und schneller Innovationen herausbringen können, was wiederum zu größerem Erfolg am Markt führt.

Die dritte Stufe, die Mitarbeitererfolgssteigerung, ergibt sich einerseits aus der gezielten Weiterbildung von Mitarbeitern, die – anstatt vermeintliche Schwächen auszubügeln – darauf konzentriert ist, deren Stärken auszubauen und sie damit für weitere und höhere Aufgaben zu qualifizieren. Andererseits wird der Mitarbeitererfolg auch durch eine angemessene finanzielle Beteiligung am Unternehmenserfolg, durch Gratifikationsprogramme, Erfolgsprovisionen usw. gesteigert (vgl. dazu Kapitel 5).

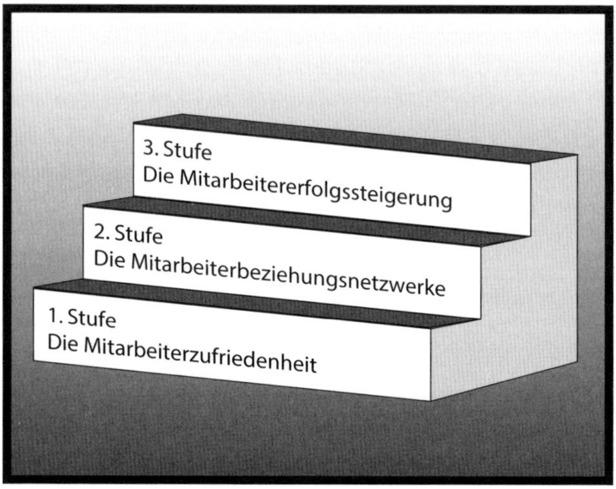

Beziehungsmanagement

Mit *Employer Clienting*® bewegen wir uns mit großen Schritten direkt auf den Menschen als zentrales Moment erfolgreicher Geschäftsbeziehungen zu. Vergeblich wird man beispielsweise den Begriff »Verkäufer« in diesem Konzept suchen. Gute Mitarbeiter verstehen sich traditionell als Berater und Beziehungsmanager. Sie wissen, dass Sympathie, Offenheit und Vertrauen als erste Kundenbindungsmaßnahme die Grundlage des Geschäftes sind.

Doch können wir Beziehungen überhaupt managen? Ja, wir können. Wir müssen dabei lernen, dass auch Beziehungen Spielregeln haben, damit sie nicht zufällig oder ungeplant ablaufen. Das Feld der Beziehungspsychologie steckt noch in den Kinderschuhen, soweit es Firmen- und Mitarbeiterbeziehungen betrifft.

! Beziehungssysteme innerhalb eines Unternehmens sind einer der entscheidenden Schlüssel des *Employer Clienting*®. Das Personalmanagement und die HR-Abteilung stehen also vor ganz neuen Herausforderungen.

Employer Clienting® ist die ausgeprägteste und effektivste Form des *Human Business.* Denn jeder Mitarbeiter hat die Möglichkeit, sein Potenzial maximal auszuschöpfen oder sogar sein Tätigkeitsfeld durch Neufokussierung umzustrukturieren.

ZUSAMMENFASSUNG

- Die *Mitarbeiterzufriedenheit* lässt heute in vielen Unternehmen weltweit wie auch in Deutschland erheblich zu wünschen übrig – mit entsprechend negativen Folgen im Hinblick auf den finanziellen Unternehmenserfolg, die Personalfluktuation und den Krankheitsausfall. Mitarbeiter haben das Gefühl, dass sie nicht wissen, was von ihnen erwartet wird, von ihren Vorgesetzten nicht beachtet werden und Dinge tun müssen, die ihnen nicht liegen – mit anderen Worten: dass sie ihre individuellen Stärken nicht an ihrem Arbeitsplatz ausleben können. Allein in Deutschland sind davon nahezu 90 Prozent aller Arbeitnehmer betroffen.

- *Stärken* sind beständige, beinahe perfekte und damit berechenbare Leistungen eines Menschen in einem bestimmten Tätigkeitsfeld. Sie sind so individuell wie die Menschen selbst und lassen sich daher meist nicht aus den üblichen Bewerbungsunterlagen ablesen. Unternehmen sind deshalb aufgefordert, geeignete Instrumente einzusetzen, die es ermöglichen, die Stärken der Mitarbeiter klar zu erkennen und ihnen dementsprechend einen geeigneten Arbeitsplatz zu geben.

- Methoden, um Stärken und Potenziale individuell wie auch im Team zu ermitteln, sind das strukturierte Persönlichkeitsinstrument und das strukturierte Teammodell sowie die Einschätzung des Ausprägungsgrades der emotionalen Intelligenz, um die es im nächsten Kapitel geht. Das strukturierte Persönlichkeitsinstrument und das strukturierte Teammodell ermöglichen es, verschiedene Persönlichkeitsprofile und Verhaltensstile zu analysieren und Teams optimal zusammenzustellen.

- *Mitarbeiterfortbildung* sollte nicht als »Reparaturbetrieb« verstanden werden, der das wettzumachen versucht, was vor und bei der Einstellung versäumt wurde. Fortbildung sollte nicht darauf ausgerichtet sein, Schwächen zu »kurieren« – weil dies bestenfalls zu durchschnittlichen Leistungen führt –, sondern vielmehr die bereits vorhandenen Stärken weiter ausbauen, um überdurchschnittliche, exzellente Leistungen zum Wohle des Mitarbeiters wie auch des Unternehmens hervorzubringen.

- Ist die Mitarbeiterzufriedenheit gegeben, so liegen die nächsthöheren Stufen der Beziehungspflege in der Intensivierung der Mitarbeiterbeziehungsnetzwerke und der Erfolgssteigerung. Beziehungssysteme werden zum Schlüssel des Erfolgs im Unternehmen.

KAPITEL 3

Emotionale Intelligenz als neue Chance

»Regret is the birthplace of empathy.«

BRENÉ BROWN, AMERIKANISCHE SOZIOLOGIN

Die wichtigsten Aspekte der emotionalen Intelligenz

Der Mensch besteht nicht aus Vernunft und Verstand allein. Gefühle und Emotionen spielen eine ebenso bedeutende Rolle. Beide Aspekte sollten bei der Stärkenentwicklung Berücksichtigung finden: Ratio und Emotio. Es geht nicht mehr um IQ *oder* EI, also Emotionale Intelligenz – es kann nur noch IQ *und* EI heißen!

Kommunikation und emotionale Intelligenz

Bei der emotionalen Intelligenz spielen mehrere Faktoren eine Rolle: Emotionale Intelligenz erzeugt zum Beispiel die Softskills, die die nächsten Generationen im Bereich der Kommunikation zum Erfolg führen.

> **!** **Wer mit seinen Mitmenschen angemessen kommunizieren will – und zwar auf der verbalen und der nonverbalen Ebene, also auch der Ebene der Körpersprache –, muss über eine ausgeprägte emotionale Intelligenz verfügen, durch die es gelingt, sich in die Gefühls-, Gedanken- und Vorstellungswelt anderer Menschen hineinzuversetzen und deren jeweilige Perspektive einzunehmen.**

Menschen mit hoher emotionaler Intelligenz besitzen die Fähigkeit, auch die nonverbalen Signale ihrer Gesprächspartner angemessen zu interpretieren. Oft geschieht dies mithilfe der Intuition. In diesem Zusammenhang wäre es gewiss klug, etwa Lehrer und Politiker am Anfang ihrer Karriere auf diese Fähigkeit hin zu testen und – falls erforderlich – zu schulen. Denn bei einigen Berufsgruppen spielt die Ausprägung der emotionalen Intelligenz eine besonders große Rolle.

Diese Form von Intelligenz setzt voraus, dass wir uns mit unseren eigenen Emotionen auseinandersetzen, sie richtig interpretieren, kontrollieren und steuern. Sich selbst zu führen gehört schließlich zu den schwierigsten Aufgaben, und diese Aufgabe kann nur bewältigt werden, wenn wir unsere Schwächen akzeptieren und uns auf unsere Stärken konzentrieren.

Neben der Selbststeuerung ist es bei der emotionalen Intelligenz von Bedeutung, ob jemand in der Lage ist, zu erkennen, wie sein Umfeld auf seine Emotionen reagiert. Dabei kommt die Empathie ins Spiel: Denn wir müssen ja die Gefühle unseres Gegenübers erkennen und darauf eingehen können.

Eine Führungskraft, die in ein Telefonat vertieft ist, während ein Mitarbeiter das Büro betritt, sollte bereits an dessen Mimik und Körperhaltung erkennen, ob es die neue Situation erfordert, das Telefongespräch schnell abzubrechen und sich voll und ganz dem Mitarbeiter zu widmen.

Und ein Verkäufer, der intensiv mit etwas beschäftigt ist, sollte in der Lage sein, sich trotzdem auf die Frage eines Kunden einzulassen. Wir haben die Erfahrung gemacht, dass dies insbesondere Verkäufern gelingt, die über eine hohe emotionale Intelligenz und eine ausgeprägte empathische Kraft verfügen.

Empathie und emotionale Intelligenz

Führungskräfte mit hoher emotionaler Intelligenz sind das moderne Gold der Unternehmen. Vorbei sind die Zeiten, in denen ein Vorgesetzter alles ein Stückchen besser können musste als seine Mitarbeiter. Die latente Gefahr bei einer solchen Konstellation war eigentlich schon immer offensichtlich: Wenn ein Mitarbeiter zu besseren Leistungen fähig war als sein Vorgesetzter, bestand das Risiko, dass die Führungskraft jede Idee der nächsthöheren Ebene als Eigenkreation präsentierte und nicht zugeben konnte, dass die Idee eigentlich von dem Mitarbeiter kreiert worden war. Am Ende stand das Mobbing durch den Vorgesetzten, der bemüht war, das eigene Selbstwertgefühl zu schützen. Die logische Folge war in der Regel, dass der Mitarbeiter kündigte. Ihm blieb einfach nichts anderes übrig. Eines ist dabei sicher: Unternehmen haben auf diese Weise bis heute mehr Kompetenz verloren als durch die hartnäckigen Abwerbungsversuche der Headhunter. Und darum ist es von enormer Bedeutung, dass moderne Führungskräfte über eine ausgeprägte emotionale Intelligenz verfügen.

Denn emotionale Intelligenz versetzt Führungskräfte auch in die Lage, Mitarbeiter zu motivieren. Wer erkennt, wo den Mitarbeiter der Schuh drückt, kann Soforthilfe leisten und damit das goldene Band der Sympathie aufbauen. Dadurch wiederum wird Leistungsbereitschaft erzeugt beziehungsweise erhöht. Und wer gut mit Mitarbeitern umgehen kann, sollte diese Fähigkeit auch zum Aufbau eines Netzwerks nutzen, denn soziale Kontakte bereichern nicht nur das Privatleben: Menschen mit hoher emotionaler Intelligenz sind sowohl in der Lage, das firmeninterne Beziehungsmanagement zu optimieren, als auch bessere Verhandlungen mit Kunden und Lieferanten zu führen.

Menschenkenntnis und emotionale Intelligenz

Hohe emotionale Intelligenz heißt zwar in erster Linie »Fähigkeit zur Empathie«, ist aber weitaus mehr. Auf Dauer gesehen verbessert sie auch die Menschenkenntnis: Wer seine eigenen Gefühle kennt und mit denen der anderen in Einklang bringen kann, kann Menschen sehr viel besser einschätzen, deren jeweiliges Emotions- und Wertesystem erkennen und einordnen – und dann überdies Konflikte schon im Keim ersticken. Eine Person mit ausgeprägter emotionaler Intelligenz verhindert die Entstehung energiefressenden und krankheitsfördernden Stresses. Denn sie erkennt die entsprechenden Warnsignale frühzeitig und kann angemessen reagieren.

Wenn Sie die Gefühle anderer gut interpretieren können, können Sie auch gut führen. Sie haben ein gehobenes Selbstwertgefühl, können Probleme deutlich schneller lösen und die Mitarbeiter anschließend für Unternehmensziele begeistern. Hohe emotionale Intelligenz fördert jedoch nicht nur die Möglichkeit, andere zu verändern, sondern hat darüber hinaus etwas mit der Fähigkeit zu tun, sich dem Wandel zu öffnen: nicht nur dem Wandel, der durch unser Gegenüber ausgelöst wird, sondern auch in Bezug auf den Wandel, der unsere

Arbeitswelt verändert. Wir sind in der Lage, nicht nur Gefühle und Körpersprache, sondern auch Situationen einzuschätzen, zu bewerten und in Vorteile zu verwandeln. Das ist nicht neu, das war schon immer so. Doch gerade mit Blick auf das, was kommt, ist dieser Vorteil so enorm wichtig und wertvoll.

> **!** **Emotionale Intelligenz verbessert die Selbstwahrnehmung (sich selbst erkennen und verstehen), fördert die Selbstregulierung, erhöht die Motivation und Leistungsbereitschaft sowie die Fähigkeit zur Empathie. Menschen mit hoher emotionaler Intelligenz sind fähig, gute Beziehungen zu ihren Mitmenschen aufzubauen – natürlich auch zu Mitarbeitern, Kunden und Gesprächspartnern.**

Die emotionale Intelligenz und die vier Persönlichkeitstypen

Wir haben einen Weg gefunden, um die emotionale Intelligenz einzuschätzen und zu messen. Was uns dabei erstaunt und überrascht hat, sind die Zusammenhänge jener vier Farb- bzw. Persönlichkeitstypen aus Kapitel 2 mit der Ausprägung der emotionalen Intelligenz dieser vier Typen. Wir wollen uns diese Zusammenhänge näher anschauen.

Bei der Analyse der emotionalen Intelligenz stehen die folgenden Fragen im Fokus:

- »Welcher (emotionale) Typ bin ich?«
- »Was kann ich und was liegt mir? Was also sind meine Stärken und Schwächen im Bereich der Emotionen?«
- »Wie hoch ist mein persönlicher EQ? Welche Auswirkungen hat er? Was bedeutet er für meine Verhaltensweisen, wie also verhalte ich mich?«

Sie werden gleich feststellen, dass die Kombination aus dem Vierfarbmodell und der Analyse der emotionalen Intelligenz zu innovativen Beobachtungen und Ergebnissen führt. Dies potenziert sich, sobald wir überdies die vorherrschenden Motive untersuchen, die das Handeln eines Menschen bestimmen, wobei die folgenden Fragen in den Vordergrund rücken:

- »Warum tue ich etwas und lasse anderes bleiben?«
- »Was treibt mich an, etwas zu tun? Was will ich wirklich?«
- »Warum gehe ich an bestimmte Dinge gar nicht heran?«

Wir haben in unserem eigenen Unternehmen und bei vielen unserer Kunden die Antworten auf die genannten Fragen gesucht und gefunden. Wir können es mit zwei Worten auf den Punkt bringen: wollen und können. Was heißt das? Wir sehen in Firmen Mitarbeiter, die können, aber nicht wollen. Ihnen fehlen die Motive, es zu tun. Und wir haben Mitarbeiter gesehen, die wollen, aber nicht können. Aber: Wir brauchen Mitarbeiter, die wollen *und* können.

Das hört sich einfach an, ist aber durchaus komplex. Wir – die Autorin und der Autor – sind aber mittlerweile in der Lage, frühzeitig zu erkennen, ob beides bezüglich der Anforderungen, die ein Job verlangt, zusammenpasst. Sicher ist es eine hohe Kunst, den Menschen zu verstehen und seine Verhaltensweisen richtig zu interpretieren. Wenn es gelingt, kann man jedoch genau einschätzen, welche Chancen und Risiken vorhanden sind, und die spezifische Problematik identifizieren. Eine Führungskraft etwa kann einschätzen, ob ein Mitarbeiter für eine Position geeignet ist oder nicht oder ob er sich an seinem Arbeitsplatz glücklich und wohlfühlt oder nicht. Und sie erkennt, warum sie Schwierigkeiten mit ihren Mitarbeitern hat und warum die Fluktuation so hoch ist.

Wir verdeutlichen nun an Beispielen die Zusammenhänge des Vierfarbmodells – also den vier Persönlichkeitstypen – und der emotionalen Intelligenz.

Der gelbe Typ und die Bedeutung seiner emotionalen Intelligenz

Sie erinnern sich an den gelben Typ, den wir, wie auch die anderen Typen, im zweiten Kapitel ausführlich beschrieben haben: Ein Gelber mit hoher emotionaler Intelligenz kann sich sehr gut in sein Gegenüber hineinversetzen. Pointiert ausgedrückt weiß er oft, was der Kunde denkt, bevor der Kunde oder Gesprächspartner selbst darauf kommt. Damit ist er für eine Tätigkeit im Vertrieb ideal geeignet. Denn er kann gut zuhören und im richtigen Moment auch schweigen. Er will wirklich wissen, wie sein Gesprächspartner denkt. Und er lässt sein Gegenüber genau das spüren. Er ist mit Sicherheit kein »Dauersender«, der den Kunden »zutextet«, sondern ein hochsensibler Empfänger. Er versteht sich als Teamplayer und ist am Erfolg der Gruppe interessiert. Wenn er erkannt hat, was der Gesprächspartner wirklich will, kann er diesen begeistern, motivieren und mitreißen. Und er weiß, was die Menschen hören wollen.

Es kommt aber auch vor, dass der gelbe Typ mit einer nur niedrigen emotionalen Intelligenz ausgestattet ist: Er hat dann einen Hang zur Selbstdarstellung und nutzt jeden Anlass und jede Gelegenheit, um andere darauf aufmerksam zu machen, wie toll er ist. Anfangs vermutet man einen Minderwertigkeitskomplex – aber es liegt eher daran, dass er nicht in der Lage ist, sich in andere Menschen hineinzuversetzen.

Dieses Verhalten ist gerade in einem Team schwer zu ertragen. Der gelbe Typ mit niedriger emotionaler Intelligenz merkt oft gar nicht, dass sein Gesprächspartner schon gar nicht mehr zuhört, weil er zu sehr mit sich selbst beschäftigt ist. Wenn zum Beispiel ein Kunde aus dem Gespräch bereits ausgestiegen ist, kann dies von dem Gelben nicht erkannt werden.

Der Gelbe mit niedriger emotionaler Intelligenz nutzt Beziehungen oft nur als Plattform für die Eigendarstellung. Würde er in einem Verkaufsteam arbeiten, wären seine Kundenbeziehungen zum Scheitern verurteilt. Darum ist es kontraproduktiv, Gelbe mit niedriger emotionaler Intelligenz etwa als Verkäufer zu beschäftigen. Es ist wichtig, nicht nur festzustellen, zu welchem Farbtyp ein (potenzieller) Mitarbeiter gehört, sondern darüber hinaus zu analysieren, wie es um seine emotionale Intelligenz bestellt ist.

Der rote Typ und die Bedeutung seiner emotionalen Intelligenz

Kommen wir zum roten Typ mit hoher emotionaler Intelligenz. Er ist eine hervorragende Führungskraft und versteht es, auf Mitarbeiter einzugehen. Und er ist sensibel für die Bedürfnisse des Teams. Er kann sich gut selbst kontrollieren und flippt nicht sofort aus, wenn etwas danebengeht, hat also auch unter Stress die Situation im Griff. Er ist kein Choleriker und nimmt seine Leute mit. Er kann mit den Emotionen anderer Personen umgehen. Langfristige Beziehungen sind ihm wichtig, er ist kein »Springer von Beziehung zu Beziehung«. Er denkt nicht nur an sich selbst. Dabei ist er entscheidungswillig und durchaus konsequent in seinen Entscheidungen.

Ganz anders sieht es beim roten Typ mit niedriger emotionaler Intelligenz aus: Er »geht über Leichen«, ist völlig emotionslos und lässt Menschen im Regen stehen – und bemerkt dies nicht einmal. Im Gegenteil: Er setzt sie unter Druck und erhöht den Stress. Für ihn sind Beziehungen ein Mittel zur eigenen Erfolgssteigerung. Die Menschen spielen dabei eine untergeordnete Rolle. Die Schlüsselfrage dieses Typs lautet: »Was bringt mir diese Beziehung?« Wir haben es also mit einem puren Egoisten zu tun.

Es besteht die Gefahr, dass ihm die Leute in Scharen weglaufen, weil sie ihn nicht mehr ertragen können. Die Konsequenz: Am Ende hat er eine Jasager-Truppe um sich geschart. Sein einziges Motiv ist, sich absichern zu wollen. Es versteht sich fast von selbst, dass es kaum Firmen gibt, die mit solchen Führungskräften und Mitarbeitern zusammenarbeiten wollen.

> **!** **Auch das Beispiel mit dem roten Typ zeigt, dass es nicht genügt, das Vierfarbmodell anzuwenden oder zu analysieren, welche jener acht Rollen ein Mensch einnimmt. Erst die Beurteilung der emotionalen Intelligenz erlaubt es, genauer zu prüfen, ob ein Mensch für eine Stelle in Ihrem Unternehmen mit einiger Wahrscheinlichkeit geeignet ist oder nicht.**

Der grüne Typ und die Bedeutung seiner emotionalen Intelligenz

Jetzt steht der grüne Typ mit hoher emotionaler Intelligenz im Mittelpunkt unserer Betrachtung: Er ist ein guter Zuhörer und sehr menschenzentriert. Beziehungen werden auch jenseits des Egoismus gepflegt. Er mag Menschen und kann gut zuhören. Zudem hat er ein echtes Interesse an dem Gesagten des Gegenübers und plappert, wenn der Gesprächspartner redet, auch nicht ständig rein, um sich selbst ins Rampenlicht zu rücken. Er kann mit unterschiedlichen Menschen klarkommen und neigt nicht dazu, alles an sich heranzulassen und es zur eigenen Sache zu machen.

Der Grüne mit niedriger emotionaler Intelligenz ist ein völlig anderer Typ: Er verhält sich schnell intolerant, ist bei der kleinsten Kleinigkeit sofort beleidigt und zieht sich ins eigene Schneckenhaus zurück. Beziehungen pflegt er nur mit Gleichgesinnten – andere werden außen vor gelassen. Er vermeidet den Blick über den Tellerrand und bleibt in seiner eigenen Welt. Damit fehlt ihm die Offenheit, sich auf Neues einzulassen. Das führt dazu, dass er bei einem Veränderungsprozess mit Starrsinn nervt. Er versucht ständig, andere auf seine Seite zu ziehen. Er erkennt weder die eigenen noch fremde Emotionen und ist daher sehr intolerant.

Sie können sich ausmalen, was passiert, wenn dieser Typ einen Change-Prozess leiten soll – und was geschieht, wenn er in Ihrem Unternehmen eine verantwortliche Position übernehmen soll.

Der blaue Typ und die Bedeutung seiner emotionalen Intelligenz

Der blaue Typ, der über eine hohe emotionale Intelligenz verfügt, ist problemlösungsorientiert und kann Emotionen zulassen und verstehen. Das gilt auch für die Gefühle anderer Menschen. Er ist eben nicht nur auf Zahlen, Daten und Fakten konzentriert – wobei dieser Sachverhalt für uns im Nachhinein eine Erklärung für manche Verhaltensmuster von Topmanagern und Unternehmern bietet, bei denen wir häufig einen Widerspruch zwischen dem notwendigen Maß an Emotion und Systematik beobachtet haben. Das heißt: Ein Blauer mit hoher emotionaler Intelligenz kann sich auch in andere hineinversetzen. Er arbeitet strukturiert an Ergebnissen und nimmt seine Mitarbeiter dabei mit.

Anders wiederum verhält es sich, wenn die emotionale Intelligenz beim blauen Typ nicht sonderlich ausgeprägt ist: Er handelt dann kühl, logisch und distanziert. Sachlichkeit ist eines der Lieblingsworte dieses Typs. Er hat wenig Verständnis für Menschen, die ihre Emotionen zeigen, und leugnet bei sich selbst und bei anderen das Vorhandensein von Emotionen – mit weitreichenden Konsequenzen für sich und andere. Denken wir nur an den Stressfaktor: Er ist in seinem Team isoliert, was dem gesamten Team schadet. Er kann nur Menschen achten und respektieren, die mit Intelligenz und brillanter Logik überzeugen, emotionale Intelligenz ist für ihn völlig überflüssig.

Zudem kann er sich nicht in das Teamgeschehen einbringen, weil er alles, was mit Emotionen und Gefühlen zu tun hat, für unprofessionelles Gehabe hält. Überspitzt könnte man sagen, dass man sich genauso gut mit einem Kühlschrank unterhalten könnte. Entschuldigen Sie diesen Vergleich, aber wir kennen die Probleme nur allzu gut, die dieser Typ in Unternehmen verursacht.

Wir hoffen, Sie haben jetzt ein Bild vor Augen, warum wir dem Erfolgsfaktor »Emotionale Intelligenz« eine so hohe Bedeutung beimessen.

Strategien zur Steigerung der emotionalen Intelligenz

Viele glauben, emotionale Intelligenz sei angeboren: Man hat sie – oder man hat sie nicht. Doch die entsprechenden Skills sind durchaus trainierbar. Man muss sich nur bewusst und intensiv mit ihnen beschäftigen und auseinandersetzen. Stellen Sie sich im ersten Schritt zum Beispiel vor, was im Berufsleben bei Ihnen Wut auslöst. Welche Trigger fallen Ihnen ein? Schreiben Sie sie auf und denken Sie ein paar Minuten darüber nach. Wer sich der auslösenden Faktoren klar bewusst ist, wird beim nächsten Mal vielleicht weniger wütend reagieren.

Führen Sie diese Übung auch für andere Gefühle durch. Was macht Sie glücklich? Was bringt Sie zum Lachen? Was macht Sie traurig? Je mehr Sie über sich selbst wissen, desto mehr sind Sie auch bereit, diese Gefühle bei anderen zu suchen und zu deuten.

Die nächste Übung besteht darin, darüber nachzudenken, wie Sie mit bestimmten Gefühlen umgehen. Ein einfaches Beispiel: Wer am Nachmittag gefeuert wird, ist in aller Regel erst einmal wütend, traurig, fassungslos und enttäuscht. Er wird anschließend joggen, um den Kopf freizubekommen, Ursachenforschung zu betreiben und Zukunftsoptionen abzuwägen. Oder er setzt sich stattdessen in eine muffige Kneipe und trinkt gedankenlos ein paar Gläschen, um sich danach hemmungslos selbst zu bemitleiden. Jeder geht mit Gefühlen anders um, aber wer sich ihrer bewusst ist, ist auch bereit, darüber nachzudenken, welche Reaktion wirklich sinnvoll ist. Sinnvoll sind – und dies insbesondere für Führungskräfte – immer die Reaktionen, die dem Umfeld zeigen, dass man Stärke besitzt, denn diese Reaktionen animieren zur Nachahmung.

!

Das Wort Selbstmanagement bringt es auf den Punkt: Wer sich und seine Gefühle im Griff hat, wer die Impulskontrolle perfekt beherrscht und Verantwortlichkeiten und Ursachen erkennt, ist in der Lage, nicht nur sich selbst, sondern auch andere zu managen und zu führen.

Motivierende Wertschätzung durch emotionale Intelligenz

Um Ihre emotionale Intelligenz als Führungskraft oder Teil eines Teams nutzen zu können, müssen Sie daran interessiert sein, Ihr Gegenüber »zu lesen«. Sie sollten sich dabei für jeden einzelnen Menschen Zeit nehmen – und das ist natürlich leichter gesagt als getan und nur mit einem hohen Maß an Selbstdisziplin und Selbstbewusstsein umzusetzen. Als Führungskraft benötigen Sie dazu Taktgefühl. Die Zeiten, in denen die Führungskraft wie auf einem Sklavenschiff auf einer Trommel das Arbeitstempo vorgegeben hat, sind zum Glück endgültig vorbei. In heutiger Zeit ist es entscheidend, auf Basis seiner eigenen Emotionen Entscheidungen zu treffen, die dem Mitarbeiter beweisen, dass man sich die Zeit genommen hat, sich in ihn und seine Gefühlswelt hineinzuversetzen. Diese Form der motivierenden Wertschätzung wird in Zukunft immer mehr an Bedeutung gewinnen.

Es stellt sich die Frage, warum die emotionale Intelligenz nicht systematisch gemessen, gelehrt und gefördert wird. Unser Bildungssystem tut viel, um unsere Intelligenz zu verbessern, doch dabei handelt es sich meistens um den IQ und um Fakten- und Fachwissen. Von offizieller Seite gibt es nur wenige Impulse, um die emotionale Intelligenz zu pushen, obwohl sich doch alle einig sind, dass wir in Zukunft immer mehr auf die Menschen selbst eingehen müssen und nicht mehr nur auf die von ihnen zur Verfügung gestellte Arbeitskraft. Dabei sind die Unternehmen selbst gefragt: Sie sollten in Eigenverantwortung – und in ihrem Eigeninteresse – dafür sorgen, dass die Führungskräfte und die Mitarbeiter ihre soziale Intelligenz optimieren können.

Mithilfe entsprechender Tests lässt sich analysieren, in welchen Bereichen es Kompetenzlücken gibt – auch im Bereich der sozialen Intelligenz –, um schließlich diese Kompetenzlücken zu schließen. Die Besten unter den Führungskräften und Mitarbeitern erfahren eine spezielle Förderung. Und dann darf man hoffen, dass sie andere dafür begeistern, ihnen nachzueifern.

! **In der Konsequenz kann es so gelingen, eine Führungskultur zu etablieren, die nicht mehr auf Druck basiert, sondern auf dem Gegenteil, nämlich emotionaler Entschleunigung.**

Mitarbeiter zu Mitstreitern entwickeln

Wir kennen viele Unternehmen, die daran arbeiten. Aber sie müssen ihre Bemühungen verstärken und die Prozesse beschleunigen, denn das Geschäftsmodell der meisten Unternehmen wird unter dem Einfluss der jungen Generationen mehr und mehr zu einem »People's Business«. Und darum wird der Erfolg eines Unternehmens immer mehr von den Mitarbeitern abhängen. Deshalb sollte bei Neueinstellungen künftig der emotionalen Intelligenz und dem EQ ein höherer Stellenwert beigemessen werden als dem IQ.

Für den Erfolg von Führungskräften sind zwei Eigenschaften unerlässlich: Selbstbeherrschung und Durchsetzungsvermögen. Beide Eigenschaften lassen sich nur mit einer hohen emotionalen Intelligenz perfektionieren. Es sind diese beiden Schlüsselfähigkeiten, mit denen es gelingt, sich selbst in Einklang mit anderen zu bringen und Mitarbeiter in Mitstreiter zu verwandeln, die sich mit dem Unternehmen identifizieren und voll und ganz dafür einsetzen, die Unternehmensziele zu erreichen.

! Wenn wir einander verstehen, können wir konstruktiver miteinander kommunizieren. Verstehen ist der Anfang von allem, was gut werden soll. Und die Voraussetzung für gegenseitiges Verstehen und Verständnis ist das Vorhandensein emotionaler Intelligenz.

Stress erkennen – und vermeiden

Heute ist Stress in den Unternehmen zu einem zentralen Thema geworden. Wer Stress empfindet, hat noch lange kein Problem, denn Stress ist eine natürliche Reaktion des Körpers und kann durchaus ein Motivator sein. Erst wenn Situationen außer Kontrolle geraten und die Erholungsphasen den Druck nicht mehr ausgleichen können, kann Stress krank machen. Wenn Latten immer höher gelegt werden, die Anforderungen und Erwartungen steigen und sich das Hamsterrad immer schneller dreht, wenn wir uns dem Gefühl ergeben, dem Tempo nicht mehr gewachsen zu sein und Ziele nicht mehr in vertretbaren Zeitfenstern erreichen zu können, zündet unser Körper die nächste Stufe: den Burn-out.

Doch Stress hat heute mehr Ursachen als die Klassiker Überlastung, Druck und Zukunftsangst. Neue Stressfaktoren haben sich in den letzten Jahren zu den schon bekannten Auslösern gesellt. Ständige Erreichbarkeit ist ein solcher Faktor: Man ist nicht nur nach Feierabend für den Chef erreichbar, sondern auch während der Arbeitszeit für die privaten Kontakte. Wenn Termine sich überschneiden, wenn wir sie sogar verpassen und der Zeitaufwand für das Abrufen der Statusberichte auf den Social-Media-Plattformen immer weiter zunimmt, führt der Weg von der Überholspur direkt ins nächste Reha-Zentrum.

Es wird uns langsam klar: Das Leben in der digitalen Welt ist Fluch und Segen zugleich. Wir lieben die Vernetzung, die gleichzeitig dafür sorgt, dass wir durchschnittlich sieben Mal pro Stunde gestört werden, sodass konzentriertes Arbeiten nahezu unmöglich geworden ist.

Die moderne Welt erfordert Multitasking-Fähigkeiten, die nur unsere Geräte, nicht aber wir selbst beherrschen. Und darum beherrschen uns die Geräte. Längst nicht jeder hat die Möglichkeit, die Tür hinter sich zu schließen und alle Geräte auf Stand-by zu schalten.

Warum überschreiten Mitarbeiter und Führungskräfte Grenzen? Ganz einfach: Weil sie ihre persönlichen Grenzen oftmals gar nicht kennen. Abschalten nach Feierabend ist für viele unmöglich; körperliche Beschwerden nehmen zu, doch der Hausarzt kann keine Auslöser für diese Beschwerden finden. In der Folge reagieren wir äußerst gereizt, fast schon cholerisch, wenn wir in unseren Konzentrationsphasen gestört werden.

Leider gibt es nur in wenigen Unternehmen Anlaufstellen, an die man sich in solchen Fällen wenden kann. Viele scheuen das Gespräch mit dem direkten Vorgesetzten, denn wer offenbart schon gern Schwächen? Außerdem können die meisten gut einschätzen, ob sich ein Gespräch überhaupt lohnt, denn nicht jeder Vorgesetzte ist mit der nötigen Empathie gesegnet. Allerdings: Wer das Gespräch meidet, um sich nicht noch mehr Stress aufzubürden, schafft sich am Ende selbst den nächsten Stressauslöser.

An dieser Stelle wird deutlich, wie sehr eine hohe emotionale Intelligenz einen wesentlichen Beitrag leisten kann, um das Stresslevel zu senken: Führungskräfte, die selbst schon einmal am Burn-out gekratzt haben und sich daher lebhaft vorstellen können, was es bedeutet, kurz vor dem Zustand des Ausgebranntseins zu stehen, werden Stresssituationen für ihre Mitarbeiter vermeiden. Sie kennen die Signale und auch die Leistungsgrenzen jedes einzelnen Mitarbeiters. Bewährte Stresstests machen deutlich, welche Belastungen sich dabei addieren. Lösungen für die Probleme können jedoch nur im empathischen Dialog gefunden werden – in einem konstruktiven Dialog, der von gegenseitigem Verständnis geprägt ist und bei dem insbesondere die Führungskraft die Kompetenz aufweist, verstehend und mit

Empathie in die Seele und die Vorstellungswelt des Mitarbeiters einzutauchen.

> **!** **Die emotionale Intelligenz ist ein wirkmächtiges Instrument, um dem allgegenwärtigen Stress zu begegnen und dem Burn-out vorzubeugen – bei der Führungskraft selbst und den Mitarbeitern.**

Mittlerweile schreibt auch der Gesetzgeber im Rahmen der Verordnung zur »Gefährdungsbeurteilung« vor, dass jeder Arbeitsplatz daraufhin untersucht werden muss, ob er physische und auch psychische Belastungen wie Stress und Druck verursacht, damit die Unternehmen die entsprechenden Maßnahmen ergreifen können. Die Risiken sind offensichtlich erkannt worden, sodass immer mehr Firmen vorbeugend handeln.

ZUSAMMENFASSUNG

- Die Ermittlung der emotionalen Intelligenz einer Führungskraft oder eines Mitarbeiters ist ein enormer Fortschritt und ein Quantensprung in der Persönlichkeitsbeurteilung. Fragen, die vorher noch offen geblieben sind, lassen sich jetzt exakt beantworten. Unternehmen können viel gezielter die richtigen Mitarbeiter und Führungskräfte an die richtige Stelle setzen. Erst die Beurteilung der emotionalen Intelligenz erlaubt es, genauer zu prüfen, ob ein Mensch für eine Stelle im Unternehmen mit einiger Wahrscheinlichkeit geeignet ist oder nicht. So ist es möglich, Zeit und Kosten einzusparen, die durch Fehleinstellungen entstehen.

- Wer über eine hohe emotionale Intelligenz verfügt, hat einige Vorteile auf seiner Seite. Mit ihrer Hilfe gelingt es, die Selbstwahrnehmung zu optimieren, die Selbstregulierung zu fördern, die Motivation und Leistungsbereitschaft zu erhöhen und die Fähigkeit zur Empathie zu verbessern.

- Menschen mit hoher emotionaler Intelligenz sind fähig, gute Beziehungen zu ihren Mitmenschen aufzubauen, weil sie es verstehen, sich empathisch in die Denk-, Vorstellungs- und Gefühlswelt ihrer Gesprächspartner hineinzuversetzen.

KAPITEL 4

Der Rekrutierungsprozess – sieben Schritte bis zum richtigen Mitarbeiter am richtigen Platz

»Unbedenklichkeits-Erklärung: Fühlen Sie sich frei, diese Bewerbung einfach so wegzuwerfen. Ich nehme es nicht persönlich – denn ich mache es mit dem Werbematerial sowie Ihren Bestätigungs- und Absageschreiben ebenso!«

WILFRIED SCHLICHTHER

Neue, effektivere Verfahren der Rekrutierung

Die Rekrutierung neuer Mitarbeiter darf kein Zufall sein, denn Fehlbesetzungen haben dramatische Auswirkungen. Werden die falschen Leute eingestellt, so muss viel Energie aufgewandt werden, um sie in Jobs zu »pressen«, für die sie eigentlich gar nicht geeignet sind. Fortbildung wird dann zum Dauerreparaturbetrieb. Die Kosten für die Einarbeitung eines Mitarbeiters belaufen sich heute auf mehr als 50 Prozent eines Jahresgehalts. Nicht nur dieser Betrag geht dem Unternehmen verloren, falls sich ein Bewerber nach einiger Zeit als ungeeignet herausstellt, denn der falsche Mitarbeiter ist auch weniger produktiv, als es der richtige wäre. Dies wiederum führt zu weiteren Einbußen im Bereich der Profitabilität des Unternehmens.

> **!** **Mitarbeiter, die am falschen Platz eingesetzt werden, kosten das Unternehmen mehr, als sie ihm nutzen.**

Die Arbeitsleistung wird in der Informations- und Wissensgesellschaft zum wertvollsten Kapital eines Unternehmens. Deshalb ist es wichtig, bei der Beschaffung und beim Erhalt guter Arbeitskräfte keine Fehler zu begehen. Neben der Rekrutierung der richtigen Mitarbeiter ist die optimale Zusammenstellung von Teams im Unternehmen essenziell wichtig. Das Wesen der Teamarbeit besteht nicht nur in einer Arbeitserleichterung und Entlastung, sondern auch in einer Produktivitätssteigerung. Das Team, in das der einzustellende neue Mitarbeiter eingebunden werden soll, sollte schon vor und während der Einstellung berücksichtigt werden.

Der Rekrutierungsprozess muss gegenüber früher wesentlich systematisiert werden. Es ist doch im Grunde paradox: Die »Rituale« der Personalauswahl haben sich in den letzten 50 Jahren so gut wie gar nicht verändert, während sich in derselben Zeit der Markt an Arbeitskräften massiv gewandelt hat. Wir können in der heutigen Situation bei der Einstellung nicht mehr mit denselben oder ähnlichen Methoden arbeiten. Viele Bewerber auf eine einzige Stelle erfordern die Einführung von Verfahren, die eingehende Bewerbungen bereits weitestmöglich vorselektieren und die Konzentration des Arbeitsaufwandes auf die wirklich interessanten Kandidaten reduzieren. Dazu braucht es Verfahren, die die Bewerberauswahl um die Komponente der validen Eignungsvorhersage erweitern und gleichzeitig die Einbindung in Mitarbeiterteams organisieren. Und selbst wenn es nur wenige Bewerbungen gibt, ist die gleiche Vorgehensweise erforderlich.

Dabei ist es auch keine Lösung, sich auf Personalberater zu verlassen, denn die verfügen auch nicht über bessere Instrumente zur gezielteren Rekrutierung. Der Vorteil von Personalberatern liegt vor allem darin, dass sie einerseits zumeist einen Pool potenzieller Kandidaten haben oder wissen, woher sie sie bekommen können, und andererseits dem Unternehmen die Arbeit der Vorauswahl abnehmen. Doch wenn die Auswahlkriterien, vor allem die erforderlichen *Softskills* einer Position, nicht ausreichend klar sind und keine Verfahren eingesetzt werden, um sie objektiv zu ermitteln, nützt die Arbeitserleichterung gar nichts, ja kann sogar kontraproduktiv sein. Von daher können auch die mithilfe von Beratern gefundenen Arbeitskräfte die falschen für eine Position sein.

> **!** **Ziel muss es sein, den Aufwand der Bewerberbearbeitung drastisch zu reduzieren und gleichzeitig die Qualität der Personalauswahl deutlich zu steigern. *Employer Clienting®* steht für innovative Human-Resource-Managementkonzepte, mit deren Hilfe die Systematisierung des Rekrutierungsprozesses perfektioniert werden soll. Ziel ist, die Bewerberbearbeitung teilweise zu automatisieren und die Auswahlergebnisse zu präzisieren.**

Automatisiert werden können vor allem Routineabläufe. Dadurch wird Zeit gespart, die der Beschäftigung mit den wirklich interessanten Kandidaten zugutekommt. Unterstützend wirken dabei eignungsdiagnostische Verfahren wie zum Beispiel die im zweiten Kapitel vorgestellte Potenzialanalyse; solche Verfahren ermöglichen es, die

Einschätzung von Kandidaten zu objektivieren und Vorhersagen über zukünftiges Verhalten zu treffen. Auf diese Weise tritt der subjektive »Nasenfaktor« bei der Einstellung mehr und mehr in den Hintergrund. Die Entscheidungssicherheit wird erhöht und das Risiko teurer Fehleinschätzungen reduziert.

Persönlichkeitsanalysen sollten allerdings nicht dazu missbraucht werden, Bewerber unter Druck zu setzen, denn die Angst vor einem schlechten Abschneiden würde die Ergebnisse verfälschen. Wichtig ist daher, eine hohe Transparenz in den Analysen zu gewährleisten. Der Kandidat muss sich mit den Ergebnissen der Analyse identifizieren – anders gesagt: Er muss sie verstehen. Nur in diesem Falle ist er bereit, die Ergebnisse zu akzeptieren und sich damit auseinanderzusetzen.

Ergebnisse in Form von Statistiken und wissenschaftlich komplizierten Erläuterungen schießen daher am Ziel vorbei. Außerdem darf der Kandidat mit seinen Analysen nicht alleingelassen werden. Personalmanager und geschulte Trainer müssen ihm beratend und unterstützend zur Seite stehen, um das vorhandene Potenzial maximal für das Unternehmen und im Sinne des Mitarbeiters zu nutzen.

Im Folgenden wird ein gegenüber dem immer noch üblichen Bewerberauswahlverfahren verbesserter Rekrutierungsprozess vorgestellt, der sieben Schritte umfasst. Neben den bekannten und üblichen Schritten stehen dabei die genaue Ermittlung des Persönlichkeitsprofils und die Potenzialanalyse des Bewerbers sowie ihre Einbindung in den Auswahlprozess im Vordergrund.

Schritt 1: Arbeitsplatzbeschreibung und Tätigkeitsprofil

Die Arbeitsplatz- oder Stellenbeschreibung bietet einen Überblick über den Zweck eines Arbeitsplatzes. Sie identifiziert die wichtigsten Pflichten, Zuständigkeiten und Weisungsabhängigkeiten einer Stelle ebenso wie die auszuführenden Aufgaben bzw. Tätigkeiten und ihre Ausführungsbedingungen.

Früher wurden Arbeitsplatzbeschreibungen von den Personalabteilungen erarbeitet. Mehr und mehr geht man jedoch dazu über, sie von den direkten Vorgesetzten des Stelleninhabers erarbeiten zu lassen. Vorteilhaft ist es auch, den Stelleninhaber selbst dabei einzubeziehen, da er seinen Aufgabenbereich, den Aufgabenumfang und -inhalt am besten kennt. Der erste Schritt zur Erstellung einer Arbeitsplatzbeschreibung besteht darin, den Stelleninhaber zu bitten, seinen täglichen Arbeitsablauf in einem Protokoll festzuhalten. Daraus kann dann nach und nach ein Handbuch der Arbeitsabläufe erwachsen.

> **! In einer kurzen, knappen Aussage sollte in der Arbeitsplatzbeschreibung auch festgehalten werden, warum die Stelle überhaupt existiert.**

Die in der Stellenbeschreibung festgehaltenen Hauptaufgaben sollten fünf oder sechs Tätigkeiten nicht überschreiten; manche Stellen beinhalten auch nur eine oder zwei Hauptaktivitäten. Zweitrangige Aufgaben sollten ebenfalls gelistet werden. Die Beschreibung jeder Aufgabe sollte drei Komponenten beinhalten:

- den Gegenstand der Tätigkeit,
- ein Verb, das die Aktivität beschreibt, und
- den Zweck der Tätigkeit.

So könnte eine Beschreibung zum Beispiel lauten: »Neue Lieferanten suchen zur Kostenreduzierung« oder »Neue Computersysteme implementieren zur Effizienzsteigerung«. Weitere Aufgaben der Arbeitsplatzbeschreibung, insbesondere in großen Unternehmen, bestehen darin, die Arbeitsverbindungen zwischen der betreffenden Stelle und anderen Stellen zu ermitteln sowie festzustellen, ob es Aufgaben gibt, die von zwei oder mehreren Stellen zugleich doppelt erledigt werden. Es ist zu klären, ob bestimmte Tätigkeiten und Kontrollen wegfallen können, ohne dass die Arbeitsqualität beeinträchtigt wird.

Die Arbeitsplatzbeschreibung sollte immer dann überprüft und gegebenenfalls aktualisiert werden, wenn die Stelle wieder frei wird. Ist die Beschreibung *up to date,* so lässt sich aus ihr das Anforderungs- bzw. Tätigkeitsprofil leicht ableiten.

Das Tätigkeitsprofil

Tätigkeitsprofile sind häufig viel zu allgemein gehalten. Sie beinhalten oft nur einen Auszug der Stellenbeschreibung, nämlich denjenigen Teil, der sich mit der Auflistung der einzelnen Aufgaben befasst. Sinnvoll ist es jedoch, in das Tätigkeitsprofil indirekt schon Potenzialanalysen einfließen zu lassen, indem man feststellt,

- in welchem Team der zukünftige Mitarbeiter arbeiten wird,
- mit welchem Profil (rot, gelb, grün, blau) er das Team komplementär optimal ergänzt,
- welchen Verhaltens- und Kommunikationsstil und
- welche *Softskills* er dementsprechend mitbringen soll.

Damit wird eine Art Idealbild geschaffen, bevor die Bewerbungsrunde überhaupt startet, und die Rekrutierung liefert ein deutlicheres Profil.

Interessant ist, was die DIN-Norm 33430, die sich mit berufsbezogenen Eignungsbeurteilungen bei der Bewerberauswahl befasst, im Hinblick auf Anforderungsprofile festlegt. Es heißt dort, Zweck des Profils sei die Ermittlung von personenrelevanten psychischen und psychophysischen Voraussetzungen – einschließlich dessen, was für die *berufliche Zufriedenheit* bedeutsam ist – für den zu besetzenden Arbeitsplatz. Mit anderen Worten:

> **!** **Die zukünftige berufliche Zufriedenheit von einzustellenden Mitarbeitern sollte bereits Gegenstand des Tätigkeitsprofils sein.**

Hier ein Beispiel für ein Tätigkeitsprofil, das in unserem Hause erstellt wurde:

TÄTIGKEITSPROFIL AKADEMIE-ASSISTENTIN

Organisation und Planung

1. Vorbereitung der Seminare

- Artikel zu den Seminaren schreiben
- Regelmäßigen Austausch mit den Referenten pflegen
- Homepage pflegen
- Seminare ins Internet stellen mithilfe spezieller Software
- Referenten betreuen
- Seminarunterlagen vervielfältigen (bzw. Auftrag dazu erteilen)
- Seminarordner bestücken
- Seminarmaterialien organisieren
- Seminarräume organisieren
- Regelmäßigen Austausch mit Kunden pflegen
- Regelmäßigen Austausch mit der Zentrale und den Regionaldirektoren pflegen
- Budget überwachen und planen
- Marketingtätigkeiten ausüben

2. Nachbereitung der Seminare

- Seminare zusammenfassen
- Feedbackbögen auswerten
- Statistik erstellen
- Mit der Datenbank abgleichen
- Umsatz der Vertriebspartner kontrollieren
- Aktiv Vertriebspartner für die Seminare selektieren

3. Betreuung der Seminare

- Seminarablauf vor Ort betreuen (München, Hamburg, Düsseldorf)
- Verpflegung der Teilnehmer sicherstellen
- Feedbackbögen und Zertifikate austeilen
- Referenten und Seminarteilnehmer betreuen

Besondere Eigenschaften

- Kreativität
- Mobilität (Auto sollte vorhanden sein)
- Selbstkritisch und kritikfähig
- Gutes Zeitmanagement
- Hohes Verantwortungsgefühl
- Selbstständiges, eigenverantwortliches Arbeiten und Handeln
- Stressresistenz, »dickes Fell«
- Kommunikativ, hilfsbereit
- Sehr gute EDV-Kenntnisse
- Offen auch für einfache Arbeiten
- Schnellstmöglicher Eintrittstermin
- Urlaubsansprüche fast ausschließlich in den Schulferien
- Hohe Reisebereitschaft

Aus den »besonderen Eigenschaften« geht neben den erforderlichen *Softskills* bereits hervor, dass für die fragliche Position jemand gesucht wurde, der über einen hohen Gelb-Anteil im Persönlichkeitsprofil verfügt.

Schritt 2: Formulierung des Anforderungsprofils

Anhand des Anforderungsprofils ist es nun möglich, eine Suche so zu formulieren, dass bereits die richtigen Bewerber angesprochen werden. Dies ist eine Frage der geschickten Wortwahl.

In den meisten Anforderungsprofilen sind die Formulierungen viel zu floskelhaft und stereotyp gewählt. Sie beinhalten oft nur eine verkürzte Auflistung der wesentlichen Tätigkeiten und der vorausgesetzten Berufsqualifikationen. Erforderliche »Erfahrungen« werden in den Vordergrund geschoben, während notwendige Stärken erst gar nicht angesprochen werden. Häufig stellt sich das Unternehmen selbst nicht einmal richtig vor.

> **!** **Zu allgemein gehaltene, floskelhafte und stereotype Profile provozieren geradezu eine unerwünschte »Flut« von Bewerbern, aus denen sich die richtigen nur mit unvertretbar hohem Arbeitsaufwand herausfiltern lassen.**

Solche Anforderungsprofile sind immer dann, wenn sich die Bewerber die Stelle aussuchen können, absolut ineffizient. Sie erschweren nicht nur das Finden des richtigen Kandidaten, sondern kosten aufgrund des hohen Arbeitsaufwandes, der mit der Sichtung der Unterlagen, der Einladung der Kandidaten und der Durchführung von Bewerbungsgesprächen verbunden ist, auch zu viel Geld.

Zu den typischen Fehlern gehören zum Beispiel die nichtssagenden Worte, mit denen sich viele Unternehmen selbst vorstellen:

- »Wir sind als ABC-AG eine Beteiligung der DEF-Holding und stehen für innovative GHI-Lösungen« oder
- »Die KLM-Handelsgruppe ist mit 85 Handelsunternehmen in 26 Ländern ein *Global Player*«.

Das sind Standardaussagen, die für Bewerber absolut keine Aussagekraft haben! Es klingt so, als ob die Bewerber von der schieren Unternehmensgröße geradezu erschlagen werden sollen. Wenn aufgrund des geringen Platzes in einer Anzeige keine Möglichkeit besteht, das Unternehmen angemessen vorzustellen, so ist es besser, die Homepage anzugeben und außerdem eine Telefonnummer, unter der sich interessierte Kandidaten persönlich informieren können.

Der lapidaren Selbstdarstellung von Unternehmen steht oft auf der anderen Seite eine ellenlange Liste von erwünschten Anforderungen, beruflichen Abschlüssen und notwendigen Erfahrungen der Bewerber gegenüber. Doch hier wird häufig nicht genug nachgedacht: Welche Qualifikationen sind wirklich zwingend erforderlich, welche aber nur erwünscht? Kandidaten, die sich auf eine Stelle bewerben, müssen zwischen Muss- und Kann-Kriterien auf Anhieb unterscheiden können.

90 Prozent aller Bewerber erfüllen nicht alle Kriterien, die im Anforderungsprofil genannt werden. Da der Bewerber jedoch nicht weiß, welche Anforderungen Muss- und welche Kann-Kriterien sind, ist er unsicher, ob er sich überhaupt bewerben soll: Fehlt ihm etwas Wesentliches, so bekommt er die Stelle sowieso nicht; fehlt ihm aber eine unwesentliche Randqualifikation, so hat er noch eine gute Chance, und der Bewerbungsaufwand würde sich lohnen.

! Lange Auflistungen von Qualifikationen und Tätigkeiten, die ein Kandidat mitbringen soll, sowie die mangelnde Unterscheidung zwischen Muss- und Kann-Kriterien sind ineffizient, und zwar sowohl für Bewerber als auch für das Unternehmen. Im Zweifelsfall führen sie dazu, dass sich zu viele Bewerber auf eine Stelle melden und den Arbeitsaufwand erhöhen.

Überflüssig zu erwähnen, dass das Anforderungsprofil keine Widersprüche enthalten sollte. Aber auch das ist nicht selbstverständlich. Da wird in der Headline nach einem »Freelancer« gesucht, aber im

Text ist dann die Rede von einer »Vollzeitstelle«. Immer wieder vergessen Unternehmen, den Einsatzort des betreffenden Mitarbeiters zu nennen, obwohl dies aus der Sicht von Stellensuchenden häufig eines der Hauptkriterien für eine Bewerbung überhaupt ist! Gerade große Unternehmen mit vielen Niederlassungen sollten deutlich dazuschreiben, wo sich der Arbeitsplatz befindet oder ob gegebenenfalls Mobilität für verschiedene Einsatzorte erforderlich ist.

Für die gesuchte Akademie-Assistentin haben wir folgende Aussagen veröffentlicht:

Die Geffroy GmbH ist seit 30 Jahren eine der führenden Unternehmensberatungen in den Bereichen Kundenservice und Kundenorientierung.

Sie als Mensch sind gefragt!

Als proaktives expandierendes Unternehmen suchen wir ab sofort eine

Akademie-Assistentin,

die unser oberstes Prinzip »Kundenorientierung« praktisch umsetzt.

Sie übernehmen selbstständig ein Aufgabengebiet (Planung und Organisation von Seminaren) und bearbeiten es selbstverantwortlich von A bis Z. Sie behalten den Überblick und kennen doch jedes Detail. Jeden Tag kommen neue Herausforderungen auf Sie zu, für die Sie aktiv eine Lösung finden. Selbstsicheres und freundliches Auftreten vor Kunden fällt Ihnen leicht. Sie unterstützen unser Team, gemeinsam an einem Strang zu ziehen. Erfahrungen im Marketingbereich sind erwünscht. Überdurchschnittliches Engagement, Flexibilität und Bereitschaft zum Reisen sind wichtige Voraussetzungen für eine langfristige Zusammenarbeit.

Wenn Sie mehr über uns erfahren möchten, rufen Sie uns an. Wir werden Ihnen gerne Auskunft zum Bewerbungsverfahren geben.

Für erste telefonische Auskünfte steht Ihnen der Inhaber Edgar K. Geffroy am Sonntag, dem 6.11.2016, in der Zeit von 14.00 bis 16.00 Uhr zur Verfügung.

Wir freuen uns auf Ihren Anruf unter der Rufnummer: 0211 / 40 80 97 - 0.

Nutzen Sie Ihre Chance für einen neuen Start. Wir freuen uns auf ein neues Teammitglied wie Sie.

Geffroy GmbH, Großenbaumer Weg 5

40472 Düsseldorf
Tel.: +49 (0) 211 40 80 97 - 0
Fax: +49 (0) 211 40 80 97 - 26
E-Mail: team@geffroy.com
www.geffroy.com

Bei der Wortwahl wurde darauf geachtet, Bewerber mit hohem Gelb- und geringem Grün-Anteil gezielt anzusprechen, und zwar schon mit der Headline: »Sie als Mensch sind gefragt!« Die gewählte Headline ist für Personalanzeigen ungewöhnlich, da meistens nur eine allgemeine Stellenbezeichnung in der Überschrift steht. Aber gerade allgemeine Bezeichnungen rufen eine Bewerberflut hervor, aus der sich nur schwer die Spreu vom Weizen trennen lässt.

Weitere Schlüsselwörter und Wendungen im Anzeigentext unterstreichen die Suche nach Bewerbern mit hohem Gelb-Anteil, zum Beispiel »jeden Tag (...) neue Herausforderungen«, »Überblick«, »wir freuen uns auf« usw.; die Schlüsselwendung »gemeinsam an einem Strang ziehen« deutet auf einen Grün-Anteil hin, der auch noch vorhanden sein sollte. Demgegenüber standen die üblichen Berufs- und Ausbildungsqualifikationen, die sonst in Stellenanzeigen dominieren, eher im Hintergrund.

Uns war von vornherein klar, dass die Art der Formulierung Leute mit hohem Blau-Anteil nicht ansprechen würde, denn der blaue Typ ist eher sach- als menschenorientiert und kann daher schon mit der Überschrift nichts anfangen. Der blaue Typ schreckt vor »täglich neuen Herausforderungen« ebenso zurück wie der überwiegend sehr grüne Typ, der weder »selbstständig« noch »selbstverantwortlich« arbeiten möchte, weil ihm an gleichförmigen, sich wiederholenden Abläufen liegt, die ihm von einem Vorgesetzten klar vorgegeben werden, ohne dass er selbst die Verantwortung dafür übernehmen muss.

> **!** **Durch geschicktes Wording einer Stellenanzeige lassen sich bereits gezielt bestimmte Typen potenzieller Mitarbeiter ansprechen und unerwünschte Bewerberinnen und Bewerber ausschließen.**

Die richtige Formulierung vermeidet nicht nur überflüssige Arbeit bei der Rekrutierung, sondern beugt auch der Einstellung ungeeigneter Mitarbeiter vor, die letztlich nur die falschen Leute am falschen Platz wären. So werden Enttäuschungen auf beiden Seiten bereits von Anfang an vermieden.

Wenn Sie sich die Charakterisierung der vier Grundtypen im zweiten Kapitel anschauen, wird klar, welche Schlüsselwörter Sie verwenden können, um bestimmte Typen anzusprechen bzw. auszuschließen. Einige Beispiele für Formulierungen, wie sie in Anforderungsprofilen vorkommen könnten:

- »Sie gehen bei Problemlösungen logisch und systematisch vor.« – Damit wird der blaue Typ angesprochen.
- »Zielorientiert bestimmen Sie die Richtung für die Akquisition neuer Kunden, wobei Ihnen ein Team zuarbeitet.« – Damit wird der rote Typ angesprochen.
- »Innerhalb eines Teams erarbeiten Sie nach vorgegebenen Schritten …« – Damit wird der grüne Typ angesprochen.

Schritt 3 und 4: Durchsicht der Bewerbungsunterlagen und Vorstellungsgespräch

Die Durchsicht der Bewerbungsunterlagen bedarf im Grunde keiner weiteren Erläuterungen. Es werden diejenigen Bewerber aussortiert, die bereits die Grundvoraussetzungen nicht erfüllen. Zeugnisse allein sind dabei kein geeignetes Kriterium der Auswahl. Es wird nach der Durchsicht der Unterlagen eine sehr große Anzahl von scheinbar brauchbaren Bewerbungen übrig bleiben, zumal aus den Unterlagen nicht hervorgeht, ob die Kandidaten grüne, rote, blaue oder gelbe Profile haben.

Auch in der heutigen Zeit bewerben sich auf viele Stellen mehrere Hundert Menschen, darunter oft Leute aus ganz anderen Berufssparten. Wir haben erlebt, dass sich auf die ausgeschriebene Assistentenstelle sogar Ärzte, Lehrer und Pferdewirte bewarben. Es gibt viele »Blindbewerber«, die sich auf alles und jedes bewerben, was auch nur im Entferntesten noch ihre Fähigkeiten anzusprechen scheint, häufig aber völlig an ihren Stärken vorbeigeht. Dahinter steht die Verzweiflung der Kandidaten, der Arbeitslosigkeit um jeden Preis entgehen zu wollen, aber auch die Unkenntnis der eigenen wirklich vermarktbaren Stärken, mit denen sich eine Stelle finden ließe.

In den Bewerbungsgesprächen lässt sich die Anzahl der Kandidaten noch weiter einengen. Relativ schnell kann abgeklärt werden, ob überhaupt ein ernsthaftes Interesse an der Position besteht oder ob es sich um einen Blindbewerber handelt, beispielsweise mithilfe der offenen Frage: »Was wissen Sie über uns?« Hier kommen bereits viele ins Stocken, weil sie sich überhaupt nicht über den potenziellen Arbeitgeber informieren, auch wenn zum Beispiel eine Homepage in der Anzeige angegeben ist. Wer Interesse an einer Position hat, hat häufig auch schon selbst gezielt mehrere Fragen zur Stelle und zum Unternehmen vorbereitet. Fehlt es bereits an einem elementaren Interesse am Unternehmen, so kann man das Gespräch schon nach wenigen Minuten beenden und sich weiteren Zeiteinsatz sparen.

Hilfreich sind im Vorstellungsgespräch Kenntnisse im NLP (= Neuro-Linguistisches Programmieren), die es ermöglichen, Inkongruenzen zwischen verbalem und nonverbalem, körpersprachlichem Verhalten zu erkennen. So lässt sich herausfinden, wie authentisch die Sprachmuster sind, ob ein Kandidat zum Beispiel lügt oder Interesse und Fertigkeiten nur vortäuscht, ob er den Job wirklich will oder ob ihn die geregelte Freizeit mehr interessiert.

> **!** **Durch gezielte Fragen lässt sich außerdem feststellen, ob ein Kandidat ein gelbes, rotes, blaues oder grünes Profil hat, indem man ihm verschiedene typische Arbeitssituationen beschreibt und seine Reaktion darauf testet.**

Im Falle der gesuchten Akademie-Assistentin fragten wir zum Beispiel: »Stellen Sie sich vor, Sie müssten mehrere E-Mails beantworten, während gleichzeitig das Telefon klingelt und außerdem der Chef hereinkommt und Sie um die Erledigung einer bestimmten Aufgabe bittet. Wie würden Sie in einer solchen Situation reagieren?« Abgeklärt werden sollte, ob der Kandidat in der Lage ist, verschiedene Arbeitsabläufe nach Prioritäten zu ordnen und selbstständig zu erledigen. Die entwaffnende Antwort »Dann weiß ich nicht mehr, wie ich reagieren soll« zeigt natürlich sofort, dass ein Bewerber für die Stelle nicht geeignet ist.

Auch in kurz gehaltenen Bewerbungsgesprächen von nur zehn bis 15 Minuten lässt sich auf diese Weise der Auswahlprozess zwischen geeigneten und ungeeigneten Bewerbern zügig vorantreiben. Die übrig bleibenden, als geeignet eingestuften Bewerber gilt es im weiteren Verlauf zu testen.

Schritt 5: Ermittlung des Bewerberprofils

Alle potenziellen Kandidaten, die nach den ersten Selektionsschritten übrig bleiben, durchlaufen nach dem ersten persönlichen Gespräch nun die *Employer Clienting*®-Potenzialanalyse, wie sie in Kapitel 2 in groben Zügen vorgestellt wurde. Das nimmt nicht mehr als 15 Minuten in Anspruch und kann mit der entsprechenden Software direkt am PC vorgenommen werden. Auf Knopfdruck wird dann ein 40-seitiger Auswertungskatalog ausgedruckt, dem Kandidaten in der Regel eine Trefferquote von 95 Prozent und mehr bescheinigen.

Im Anschluss daran werden die persönlichen Eindrücke aus dem ersten Bewerbungsgespräch mit den Ergebnissen der Analyse abgeglichen. Spätestens jetzt werden Widersprüche erkennbar zwischen dem, wie sich Kandidaten im persönlichen Gespräch gegeben haben, und dem, was die Analyse über sie aussagt. Der rote Faden ist dabei natürlich durchgängig die Suche nach dem *richtigen* Mitarbeiter.

Schritt 6: Zweite Runde der Bewerbergespräche und Testarbeit

Wir führen durchgängig eine zweite Runde Bewerbungsgespräche mit den geeigneten Kandidaten durch; bisher ist dies in anderen Unternehmen nur bei Führungskräften üblich, doch es hat sich bewährt, dies für Arbeitskräfte aller Hierarchiestufen zu tun.

Für die zweite Runde der Gespräche bleiben in der Regel fünf bis sieben Kandidaten übrig. Dabei werden offene Fragen geklärt, die sich beim ersten Gespräch ergeben haben. Die Kandidaten werden auch gebeten, die Auswertung der Potenzialanalysen, die sie durchgeführt haben, zu bewerten. Zumeist ist der Identifikationsgrad sehr hoch. Auch nach der zweiten Bewerbungsrunde wird erneut Bilanz gezogen.

! Entscheidend ist, dass Intuition und Systematik während des gesamten Auswahlprozesses konsequent miteinander kombiniert werden. Denn die vorhandenen Persönlichkeitsprofile gehen aus den Zeugnissen und sonstigen Bewerbungsunterlagen nicht hervor. Und die emotionale Intelligenz auch nicht.

Um letzte Zweifel und Unsicherheiten über die Eignung eines Kandidaten zu beseitigen, kann ein Tag Testarbeit mit einzelnen Kandidaten vereinbart werden. Die übliche Testphase in den Unternehmen von drei bis sechs Monaten ist im Grunde viel zu lang und ineffizient. Erweist sich nach diesem langen Zeitraum jemand als ungeeignet, so muss der gesamte Rekrutierungsprozess inklusive Stellenanzeige von Neuem durchlaufen werden. Denn andere geeignete Kandidaten sind nach Ablauf mehrerer Monate unter Umständen längst nicht mehr verfügbar, sodass mithilfe eines neuen Anforderungsprofils erst wieder neue Bewerber gefunden und erneut geprüft werden müssen.

Wurde bereits von Anfang an gründlich und systematisch ausgewählt, so lässt sich schon nach einem Tag unter echten – nicht simulierten – Arbeitsbedingungen realistisch einschätzen, ob jemand für eine Stelle geeignet ist.

Wir hatten den Fall, dass sich eine Bewerberin auf unsere Assistentenstelle für geeignet hielt, weil sie glaubte, sehr flexibel zu sein und alle Anforderungen zu erfüllen. Zwar erbrachte die Potenzialanalyse, dass sie ein überwiegend blaues Profil hatte, dennoch beharrte sie auf ihrer Eignung für die Position. In Zeiten, in denen viele Arbeitnehmer und Bewerber kein Engagement an den Tag legen, ließen wir uns ein wenig vom Überengagement der Bewerberin leiten und vereinbarten mit ihr einen Tag Probearbeit. Es zeigte sich dann schnell, dass die Kandidatin längst nicht so flexibel war, wie sie selbst zu sein glaubte. Als mehrere verschiedene Arbeitsaufgaben gleichzeitig auf sie einströmten, war sie völlig überfordert.

Sie ließ sich immer wieder alles erklären und wollte ganz genau wissen, was sie in welcher Reihenfolge zu tun hatte, weil sie ihrem Gefühl nach die Sicherheit brauchte, nichts falsch zu machen. Das bestätigte, dass der fehlende Gelb-Anteil sie für die Position, die ausdrücklich selbstständiges und eigenverantwortliches Arbeiten verlangte, ungeeignet machte und dass die Potenzialanalyse, die sie als »Blaue« eingestuft hatte, richtig war. Nach dem Probetag sah die Kandidatin schließlich selbst ein, dass sie für die Stelle nicht die richtige Besetzung war, weil sie dort praktisch täglich überfordert gewesen wäre. Dies hat uns wie auch ihr viel Frust und Enttäuschung erspart.

Schritt 7: Entscheidung und Einstellung

Der letzte Schritt ist natürlich die Entscheidung darüber, wer eingestellt wird, und die Einstellung selbst. Fortschrittliche Unternehmen behandeln die Frage der Einstellung nicht mehr als »Hoheitsentscheidung«, die ausschließlich vom Personalmanagement oder von den Führungskräften allein gefällt wird, sondern beziehen auch die Mitarbeiter des Teams ein, in dem der zukünftige Kandidat arbeiten wird. Schließlich müssen die Mitarbeiter mit der betreffenden Person klarkommen und sehen, ob man zusammenpasst.

> **!** **Aus diesem Grunde ist es dringend empfehlenswert, bereits vor der Erstellung des Tätigkeitsprofils zuerst das Team zu analysieren, in dem der künftige Arbeitnehmer eingesetzt werden soll. Sind die Profile der Teammitarbeiter ermittelt, so ist offensichtlich, welches Profil der neue Mitarbeiter komplementär haben muss, um das Team optimal zu ergänzen.**

Bei vielen Unternehmen wird es bei der Frage, welches Rekrutierungssystem sie haben, sehr schnell still. Sicherlich wird mit Assessment-Centern ebenso gearbeitet wie mit einigen der in diesem Kapitel vorgestellten Schritte, aber ein in sich geschlossenes Rekrutierungssystem fehlt häufig.

Wir behaupten nicht, dass das in diesem Buch vorgestellte Rekrutierungssystem das einzig mögliche oder richtige ist. Es geht vielmehr darum, *überhaupt* ein durchgehendes System im Unternehmen zu etablieren, das gewährleistet, mit einer hohen Trefferquote die richtigen Leute an die richtige Stelle zu setzen. Außerdem geht es darum, die alten Bewerbungsrituale und -abläufe aus »Opas Zeiten« aufzubrechen und durch neue, zeitgemäßere zu ersetzen. In einer Wissens- und Informationsgesellschaft, die mit einer sinkenden Anzahl qualifizierter Arbeitskräfte zu kämpfen hat, kann man sich keine ineffektive Rekrutierung mehr leisten, bei der am Ende die falschen Leute eingestellt werden – und das auch noch, nachdem der gesamte Bewerbungsprozess einen viel zu hohen Arbeitsaufwand und extrem viel Geld verschlungen hat.

Woran es vielfach noch in den Unternehmen fehlt, ist das Changement – die Bereitschaft zur Veränderung als solche; die Bereitschaft, neue Wege zu gehen und neue Verfahren auszuprobieren.

82 Prozent aller Menschen haben Angst vor Veränderungen. Insbesondere in Deutschland kommt hier der hohe Anteil von Mitarbeitern mit blauem Persönlichkeitsprofil zum Tragen: Die Blauen wollen sich nur in gewohnten Bahnen bewegen und nichts Neues riskieren. Marktführer unter den Mittelständlern sind in dieser Hinsicht weiter als die meisten anderen Unternehmen.

Unsere Erfahrungen haben gezeigt, dass Unternehmen oft über keine Mitarbeiterstrategie verfügen. Damit ist ein schriftlich ausformuliertes Konzept gemeint, in dem beschrieben wird, wie es gelingt, dass dem Mitarbeiter innerhalb der nächsten fünf bis zehn Jahre eine größere Bedeutung zukommt, als dies gegenwärtig der Fall ist.

Was Bewerber selbst tun können

Wir wenden uns mit diesem Buch an Unternehmen, die Arbeitskräfte einstellen und an der richtigen Stelle einsetzen wollen; wir wenden uns nicht an Bewerber, die eine Stelle suchen. Dennoch sollen im Folgenden in aller Kürze ein paar Hinweise für Bewerber gegeben werden, wie sie ihre Situation auf dem Arbeitsmarkt verbessern und dazu beitragen können, den adäquaten Arbeitsplatz in einem Unternehmen zu bekommen und damit ihre Zufriedenheit zu steigern.

Das typische Verhalten der potenziellen Kandidaten, insbesondere ihre Versäumnisse im Vorfeld und bei der Durchführung der Bewerbungen, beeinflusst das Verhalten der Unternehmen mit. Was von den Bewerbern versäumt wird, muss im Rekrutierungsprozess von den Unternehmen nachgebessert werden.

Viele Arbeitskräfte haben nur eine vage Vorstellung von ihren individuellen und vermarktbaren Stärken. Sie haben häufig keine Karrierevorstellungen oder -ziele und bewerben sich »wild drauflos« – häufig aus der Not heraus, überhaupt irgendeine Stelle zu ergattern, ganz gleich welche. Hinzu kommt, dass viele den Fehler begehen, sich *passiv* nur auf ausgeschriebene Stellen zu bewerben, anstatt eine *aktive* Bewerbungsstrategie zu verfolgen. Der so genannte verdeckte Stellenmarkt ist sehr viel größer als angenommen; es sind sehr viel mehr Positionen vakant, als offiziell von Unternehmen ausgeschrieben werden.

> **!** **Der klassische Weg, einen Arbeitsplatz über ausgeschriebene Stellen zu finden, führt heute in über 90 Prozent aller Fälle für Bewerber zu keinem erfolgreichen Ergebnis mehr. Daher sind, auch für Arbeitnehmer, neue Methoden und Wege erforderlich.**

Eine solche Methode liefert zum Beispiel die *EKS*, die *Engpass-Konzentrierte Strategie* von *Wolfgang Mewes*. In diesem Zusammenhang ist bereits vor mehr als 30 Jahren ein Bewerbungsverfahren entwickelt worden, das selbst unter ungünstigen Bedingungen zum Erfolg führt. Hier einige wesentliche Merkmale der aktiven Bewerbung:

1. Erstellen Sie ein Profil Ihrer individuellen *Stärken* und konzentrieren Sie sich auf deren Vermarktung, anstatt sich mit Ihren Schwächen zu befassen. Sicheres Indiz für Stärken liegen in bisherigen – auch minimalen – Erfolgen in bestimmten Berufsfeldern oder Tätigkeiten und in den Dingen, die Ihnen persönlich besonderen Spaß machen.

2. Schalten Sie einen Karriere- oder Personalberater als *Bewerbungsprofi* ein, der Sie auf dem gesamten Weg der Bewerbung bis zur Einstellung begleitet und mit seinem Know-how unterstützt. Er kann Ihnen unter anderem auch bei der Ermittlung des Stärkenprofils helfen.

3. *Initiativ- und Zielgruppenkurzbewerbungen* erschließen auch die nicht ausgeschriebenen Stellen, also den verdeckten Arbeitsmarkt. Bieten Sie sich darin ausgesuchten Unternehmen einer eingegrenzten Zielgruppe als Problemlöser für ein bestimmtes Aufgabengebiet an, und zwar spezifisch im Hinblick auf Ihre Stärken und nicht allgemein. Schreiben Sie also nicht: »Geschäftsführer mit langjähriger Erfahrung sucht neue Position«, sondern »Geschäftsführer mit guten Beziehungen zu Dauer-Auftraggebern mit einem Auftragsvolumen von mehreren Millionen Euro sucht ...«. Diese Bewerbung sollte nicht länger als eine Seite sein.

4. *Ausführliche Unterlagen* reichen Sie erst dann ein, wenn Unternehmen auf Ihre Initiativbewerbung reagieren und sie ausdrücklich anfordern.

5. Fügen Sie Ihren Zeugnissen und sonstigen Qualifikationsnachweisen auch eine selbst verfasste Liste mit Ihren *besonderen Berufserfahrungen und Erfolgen* bei, aus der Ihre herausragenden Fähigkeiten in bestimmten Gebieten klar hervorgehen. Daraus können potenzielle Arbeitgeber Rückschlüsse auf Ihre besonderen Stärken ziehen, und zwar auch dann, wenn diese, wie es meistens der Fall ist, nirgendwo aus den Zeugnissen ersichtlich sind (weitere Informationen zum Bewerbungsverfahren siehe Bürkle 2012).

Ein Kfz-Elektriker war bereits seit einem halben Jahr arbeitslos. Auch über das Arbeitsamt konnte er keine Stelle finden. Er wandte sich an einen Karriereberater und bat um Unterstützung. Nach seinen Stärken befragt, konnte er zunächst keine nennen. Bei der Ermittlung des Stärkenprofils stellte sich schließlich heraus, dass er besondere Fertigkeiten in der genauen Einstellung von Diesel-Einspritzanlagen hatte, die ihm auch mehr Freude bereitete als andere Tätigkeiten. Diese vermarktbare Stärke, ein spezielles Teilgebiet seines Aufgabenbereiches als Kfz-Elektriker, wurde in einer Initiativbewerbung an 60 Autohäuser der näheren Umgebung gezielt herausgestellt. Der Bewerber erhielt binnen kurzem fünf Einladungen zu Vorstellungsgesprächen, wobei sich die Vertretung einer führenden Marke wegen seines besonderen Könnens geradezu um ihn riss. Obwohl in nächster Zeit eigentlich niemand eingestellt werden sollte, bekam der Kfz-Elektriker einen Halbjahresvertrag, der schließlich in einen unbefristeten Arbeitsvertrag umgewandelt wurde.

Wie verkaufe und vermarkte ich mich selbst? Diese Frage haben sich erstaunlicherweise die meisten Bewerber nie gestellt. Auch die Kenntnis eigener Stärken ist nicht vorhanden. Dabei ließe sich dies leicht ändern – aber das ist ein anderes Thema (vgl. dazu Geffroy, Schulz 2016).

ZUSAMMENFASSUNG

Die sieben Schritte zum richtigen Mitarbeiter am richtigen Platz lauten:

1. Erarbeiten Sie auf der Basis einer Arbeitsplatzbeschreibung ein *Tätigkeitsprofil*, das auch die *Softskills* und die Rolle im Team berücksichtigt, die der künftige Mitarbeiter einnehmen soll.

2. Formulieren Sie das Anforderungsprofil so, dass über die erforderlichen Qualifikationen hinaus durch geschickte Wortwahl bereits Menschen mit den erwünschten *Softskills* und dem passenden Profil gezielt angesprochen werden.

3. Achten Sie bei der Sichtung der *Bewerbungsunterlagen* nicht nur auf Zeugnisse, sondern auch auf bisherige Berufserfahrungen und -erfolge sowie auf andere herausragende Merkmale, die auf Stärken der Kandidaten schließen lassen.

4. Achten Sie im *Vorstellungsgespräch* darauf, welches Engagement der Bewerber mitbringt, inwieweit verbales und nonverbales Verhalten kongruent sind und wie sich der Bewerber in typischen Arbeitssituationen verhält.

5. Führen Sie eine *Analyse* durch, die die Persönlichkeitsmerkmale des jeweiligen Kandidaten klar erkennen lässt, zum Beispiel die *beschriebene* Potenzialanalyse.

6. Klären Sie in einer *zweiten Gesprächsrunde* Unstimmigkeiten und überprüfen Sie, ob der Kandidat sich mit der Analyse identifizieren kann. Vereinbaren Sie im Zweifelsfall einen Tag *Probearbeit* im Unternehmen unter echten Arbeitsbedingungen.

7. *Entscheiden Sie sich für einen Kandidaten* und stellen Sie ihn ein. Und bedanken Sie sich bei den anderen Bewerbern – man sieht sich immer zweimal im Leben. Und vielleicht ist es dem Bewerber eine Empfehlung wert. Heute werden immer mehr Unternehmen in Arbeitgeber-Bewertungsportalen wie Kununu auch bezüglich ihres Verhaltens im Bewerbungsprozess bewertet. Vielleicht gibt es für Sie und Ihr Unternehmen einen netten Eintrag von einem Bewerber, auch wenn er jetzt nicht zum Zuge gekommen ist.

- Unternehmen sollten ein durchgehendes, geschlossenes Rekrutierungssystem etablieren, das objektive Methoden zur Ermittlung der *Softskills* von Mitarbeitern einschließt, die emotionale Intelligenz mit beinhaltet und damit den »Nasenfaktor« ausschließt. Auf diese Weise lassen sich mit einer hohen Trefferquote die richtigen Leute finden und an den richtigen Positionen einsetzen.

- Bewerber haben sehr viel größere Chancen, eine Stelle zu finden, wenn sie sich nicht nur auf ausgeschriebene Positionen bewerben, sondern mithilfe einer *aktiven Karrierestrategie* auch den verdeckten Stellenmarkt erschließen. Dabei können Bewerbungsprofis wie Karriereberater unterstützend mitwirken. Careers Lounge ist eine solche Plattform. Einerseits können sich hier Wunscharbeitgeber vorstellen, andererseits wird ein Personal Scouting für den Einzelnen angeboten – eine gelungene Symbiose in einer neuzeitlichen Form.

KAPITEL 5

Mitarbeiter führen, motivieren und halten

»Der Grund, warum manche Mitarbeiter auf der Leiter des Erfolges nicht so recht vorankommen, ist darin zu suchen, dass sie glauben, sie stünden auf einer Rolltreppe.«

QUELLE UNBEKANNT

Die vier Säulen der Mitarbeiterführung

Human Resource Management bietet die größte Chance, die Mitarbeiter und damit das Unternehmen nach vorne zu bringen. In diesem Kapitel wird darum ein Führungskonzept vorgestellt, das auf vier Säulen basiert und die Motivation mit einschließt. Die vier Säulen sind:

1. Schaffen Sie einen Traum, eine Vision für Ihr Unternehmen.
2. Schaffen Sie ein soziales Spielfeld, auf dem sich Ihre Mitarbeiter so wohlfühlen wie in einer Großfamilie.
3. Gehen Sie mit Ihren Mitarbeitern eine Partnerschaft ein.
4. Stellen Sie die Menschen in den Mittelpunkt Ihrer Unternehmensstrategie: Erhöhen Sie den Stellenwert der Beziehungskompetenz und der sozialen Kompetenz.

Eine Vision für das Unternehmen schaffen

Lassen Sie uns mit der Überlegung beginnen, wie es gelingt, eine sinnstiftende Vision für Ihr Unternehmen zu formulieren.

Motivation der Mitarbeiter

Eines der wichtigsten Instrumente unternehmerischen Erfolgs ist die Mitarbeitermotivation. Kein anderer Faktor bestimmt so nachhaltig den Erfolg und die Produktivität eines Unternehmens wie die Leistungsbereitschaft und -fähigkeit seiner Mitarbeiter. Begeisterte Mitarbeiter schaffen automatisch begeisterte Kunden. Unternehmen fällt es heute immer schwerer, ihre Mitarbeiter zu motivieren und Visionen zu kommunizieren. Dabei ist es ganz einfach:

> ! **Motivation ist der Drang, der uns dazu bewegt, etwas zu tun.**

Kaum ein Mitarbeiter hat heute noch eine innere Beziehung zu seiner Firma. Besonders junge Menschen tendieren zum Jobhopping, und nur wenige Angestellte können ein langjähriges Firmenjubiläum feiern. Ändern wir deshalb die Grundregeln: Was gut ist für die Firma, ist gut für den Mitarbeiter.

Immer mehr Menschen sind heute auf der Sinnsuche. Wenn Sie sie dabei unterstützen, dass Ihre Firma ein Teil der Sinnsuche ist und – wir gehen noch ein Stück weiter – sogar Sinnersatz sein kann für das, was sie suchen, dann sind Sie auf dem Weg zu Mitarbeitern, die ihren Job nicht nur als Beruf, sondern als Berufung betrachten.

Mitarbeiter motiviert es, an einer Vision mitzuarbeiten, weil diese ihnen einen Sinn vermittelt. Das heißt, Sie müssen ihnen mehr geben, als mit einem Gehalt bezahlt werden kann. Sie müssen den Mitarbeitern sagen, dass es nicht einfach nur darum geht, ein Ziel zu erreichen, sondern darum, die Welt ein Stück weit zu verändern und zu verbessern. Sie müssen die Botschaft vermitteln, dass Sie gemeinsam mit ihnen etwas Überragendes schaffen.

> **!** **Eine Vision ist der Glaube an die Realisierung einer herausragenden Zukunftsidee. Sie ist eine Grundaufgabe, deren Umsetzung ein Leben lang Gültigkeit haben sollte.**

Eine Vision kann das Herz und die Antriebsenergie einer ganzen Firma sein. Existiert keine Vision, so fehlen in dieser unruhigen und unkalkulierbaren Welt die Orientierung und der Sinn. Visionen können nicht durch Produkte entstehen, jedenfalls nicht dauerhaft in Zeiten immer kürzerer Lebenszyklen. Vielmehr brauchen Sie etwas, das sich von den Hardfacts abkoppelt und weniger konkret ist, das vorstellbar, aber nicht direkt greif- und fassbar ist. Wer an Fakten und Daten glaubt, hat daher Schwierigkeiten, eine Vision zu entwickeln. Eine Vision ist etwas Imaginäres, das sich nicht am Ende des Monats in Deckungsbeiträgen oder Umsätzen messen lässt. Visionen sind Herausforderungen, die für sehr lange Zeit gelten, oft für mehr als zehn Jahre. Bei vielen Unternehmen verändern sich die Visionen auch niemals.

Die Janssen-Cilag GmbH, ein Pharmahersteller, entwickelte unter dem Motto »Zukunftsarbeit« eine Vision seiner gesellschaftlichen Rolle und seines innerbetrieblichen Miteinanders, die von Mitarbeitern intern und extern kommuniziert wurde. »Zukunftsarbeit« verdeutlichte, was schon in der Gegenwart getan werden konnte, um die Zukunft eines Tages Realität werden zu lassen. Die visionäre Initiative bezog alle Mitarbeiter des Unternehmens mit ein und ermutigte sie, in der täglichen Arbeit das Undenkbare zu denken. Wie ernst man das Thema nahm, zeigte sich an dem ab 1997 immer wieder verliehenen Zukunftspreis für »Sozialerfindungen«, der an wegweisende Projekte aus dem Gesundheitswesen vergeben wurde.

Kein Unternehmen wird mit seinen Mitarbeitern einen Markterfolg erzielen, wenn die Menschen keinen Sinn in ihrer Tätigkeit sehen. Firmen brauchen Visionen, um vorhandene Mitarbeiter zu motivieren und neue dauerhaft zu gewinnen. Die Vision beflügelt die Vorstellungskraft der Mitarbeiter; sie ist eine Herausforderung, die Kräfte zur Realisierung freisetzt, insbesondere deshalb, weil sie zu Beginn oft als nicht realisierbar gilt. Es ist der Glaube an etwas, das in der Ferne liegt – der Traum, der Berge versetzt.

Beflügelt von der Vision haben Mitarbeiter das Gefühl, an der Realisierung einer einzigartigen, außergewöhnlichen Idee mitzuwirken. Nehmen die Mitarbeiter diese Herausforderung an, dann geben sie alles, um die Besten auf ihrem Gebiet zu sein, und arbeiten hoch motiviert. Bringen Sie die Vision in die Köpfe Ihrer Mitarbeiter und vermitteln Sie damit einen Wert, für den es sich zu kämpfen lohnt.

Wertewandel bei Mitarbeitern

Die Werte der Mitarbeiter haben sich in den letzten Jahren radikal verändert. Entgegen der Ansicht vieler Unternehmer stellt das Gehalt keinen besonderen Motivationsanreiz mehr dar; auch Gehaltserhöhungen verlieren innerhalb kürzester Zeit ihre Wirkung, da ein Gewöhnungseffekt eintritt. Die Abkehr vom Gehalt als Motivation ist tendenziell schon seit den 1990er-Jahren zu erkennen und tritt bei der jüngeren Generation besonders hervor. Die bereits erwähnte Continental-Umfrage unter Studenten aller Fachrichtungen führte zu dem Ergebnis, dass 50 Prozent einen attraktiven, schlechter bezahlten Job einem unattraktiven, besser bezahlten vorziehen würden. Unter einem attraktiven Job versteht die jüngere Generation einen Arbeitsplatz, an dem sie ihre Talente ausleben kann und mit interessanten Herausforderungen konfrontiert wird. Der Aspekt, etwas selbst zu tun, das wirklich Spaß macht, wird für viele Mitarbeiter immer wichtiger, gerade für die jüngeren Mitarbeiter (siehe Tabelle). Dies kommt der überzeugenden Vermittlung von Visionen als lohnenswerten Zielen entgegen.

VERWIRKLICHUNG VON LEBENSZIELEN	
»Wenn Sie tun und lassen könnten, was Sie wollen, was würden Sie mit einem besonders starken Einsatz tun?«	
• Etwas selbst tun, was Spaß macht	• Etwas leisten
• Das Leben genießen	• Mich fortbilden
• Mit anderen zusammen sein	• Etwas Bleibendes schaffen
• Mich selbst verwirklichen	• Vorwärts kommen
• Ideen durchsetzen	• Viel Geld verdienen
• Andere besser verstehen	• Mich Herausforderungen stellen
• Anderen helfen	• Vermögen schaffen

Quelle: B.A.T. Freizeit-Forschungsinstitut: »Wie arbeiten wir nach dem Jahr 2000?«

Jede der vier genannten Säulen ist mit einem Schlüsselsatz zur Führung und Motivation und der Beziehung zum Mitarbeiter verbunden, der weitreichende Handlungsprozesse auslösen kann. Der Schlüsselsatz zur Vision lautet: »Ich will Sie!«

Führung ist die Fähigkeit, einen Menschen dazu zu bringen, zu tun, was man will, wann man es will und wie man es will, weil er selbst es tun will.

Das Unternehmen als soziales Spielfeld und Familie

In letzter Zeit besuchen wir immer häufiger Start-up-Unternehmen im Softwarebereich. Am Anfang war überraschend, was dort beobachtet werden konnte. Auf den Fluren und Gängen gab es oft Körbe mit Gummibärchen, Schokoriegeln, Erdnüssen, Bananen und anderen Leckereien. Zunächst fragten wir uns, ob diese Dinge vielleicht absichtlich auf dem Weg zum Besucherzimmer aufgestellt worden waren. Dann stellte sich allerdings heraus, dass die Körbe im ganzen Unternehmen verteilt waren. Jeder Mitarbeiter nahm sich im Vorbeigehen mit, was ihm am meisten schmeckte. In einer Firma bemerkten wir, dass eine Reinigungsfirma Mitarbeitern einen gereinigten Anzug und gebügelte Hemden zurückbrachte. Auf einem Tisch standen außerdem die Reste einer Geburtstagstorte. Daraufhin wurde uns bewusst, dass Arbeitsleben und Privatleben – richtig verstanden – auf derselben Idee basieren: auf dem Spaß am Leben.

Die zweite Säule zur Führung und Motivation besteht darin, dass Sie Ihr Unternehmen, einer Familie ähnlich, in ein soziales Spielfeld verwandeln, wie wir es ausschnittweise in einigen Unternehmen mitbekamen. Freizeit steht heute mehr und mehr in Konkurrenz zur Arbeitszeit. Viele Menschen tendieren mehr zur Freizeit, als dass sie sich Gedanken über ihre Arbeit machen, weil Arbeit leider immer noch allzu oft als Zwang verstanden wird. Als Unternehmer entscheiden Sie darüber, wer den Konkurrenzkampf zwischen Arbeit und Freizeit gewinnt.

Richten Sie die Aktivitäten des Unternehmens so aus, dass Ihre Mitarbeiter freiwillig mehr Spaß daran haben, in der Firma zu sein, als ihre Freizeit irgendwo anders zu verbringen. Schaffen Sie einen fließenden Übergang zwischen Freizeit und Arbeitszeit.

Dem entgegen kommt die von Continental ermittelte Einstellung jüngerer Leute, für die die 35- oder 40-Stunden-Woche ein Thema aus der Mottenkiste ist. Studenten rechnen für ihr künftiges Berufsleben mit einer frei vereinbarten Arbeitszeit von über 40 Stunden pro Woche; sie kalkulieren auch eine gelegentliche Wochenendarbeit mit ein, legen aber Wert auf eine planbare Freizeit. Offensichtlich rechnen sie damit, dass ihre Arbeitszeit nachfrageabhängig und flexibel gestaltet wird.

Als weiterer Faktor kommt hinzu, dass wir immer mehr Singlehaushalte haben. Auf der anderen Seite hat nach wie vor die Familie im Bewusstsein der meisten Menschen einen hohen Stellenwert. Auch dies können Unternehmen zu ihren Gunsten nutzen, indem sie Mitarbeitern das Gefühl geben, in einer großen Familie zu arbeiten. Eine familiäre Atmosphäre, die von Freundlichkeit, Offenheit, Vertrauen und Ehrlichkeit im Umgang miteinander geprägt ist und damit das Gemeinschaftsgefühl fördert, lässt sich ohne Weiteres auch ins Unternehmen tragen.

Bringen Sie in Ihr Unternehmen alle positiven Eigenschaften hinein, die für eine Familie zutreffen, zum Beispiel Lob, Schutz, Anerkennung, gemeinsames Feiern von Erfolgen und gegenseitigen Trost bei Niederlagen. Damit schaffen Sie einen Rahmen, in dem sich die Mitarbeiter wohl fühlen. Eine familiäre Atmosphäre wirkt sich positiv auf die Leistungen der Mitarbeiter aus. Fortschrittliche Unternehmen praktizieren dies schon.

Ein soziales Spielfeld entsteht, indem Sie eine Atmosphäre schaffen, die es erlaubt, Dinge, die in der Freizeit Spaß machen, ins Unternehmen zu übertragen.

Die AGT Thermotechnik GmbH, Spezialist für Druckluftaufbereitung, sieht die Kinder von heute als die Mitarbeiter von morgen. Deswegen unterstützt das Unternehmen Eltern und ihren Nachwuchs auf vielfache Weise – vom Kindergartenzuschuss bis zur Suche nach einem Ausbildungsplatz. So wird die Familie zum höchsten Gut im Unternehmen.

Für Eltern gibt es mehrere Teilzeitmodelle. Zum Beispiel können sich alle Mitarbeiter pro Jahr 30 zusätzliche freie Tage erarbeiten. Und auch in Fällen, wo ein Elternteil dringend zu Hause gebraucht wird, hat man Lösungen parat: Im Krankheitsfall werden die Mitarbeiter auf Wunsch bis zu drei Tage entgeltlich freigestellt. Urlaubswünsche können auf die Schulferien abgestimmt werden, und zum Sommerfest wird stets die ganze Familie eingeladen. Ist der Arbeitnehmernachwuchs auf der Suche nach einem Praktikumsplatz oder einer Lehrstelle, so wird sowohl bei Kunden als auch bei Lieferanten nachgefragt, wo ein Platz frei ist.

Der Schlüsselsatz zur Führung für die zweite Säule lautet: »Ich brauche Sie!« Diese Form der Anerkennung vermittelt einem Mitarbeiter das Gefühl, dass er im Unternehmen eine wichtige Rolle spielt, und das lässt ihn über sich selbst hinauswachsen.

Partnerschaft mit den Mitarbeitern

Fähige Mitarbeiter brauchen fähige Vorgesetzte. Studien belegten, dass der Vorgesetzte der entscheidende Schlüssel für Zufriedenheit am Arbeitsplatz ist – nicht Gehalt, Zusatzleistungen, Vergünstigungen oder ein charismatischer Unternehmenschef. Im SPIEGEL war 2013 ein Artikel mit der Überschrift »Problem Chef« zu lesen – das eigentliche Problem bei schlechten Leistungen ist oft der unmittelbare Vorgesetzte.

Die Bedeutung von Vorgesetzten für die Mitarbeiter

Mitarbeiter, die kündigen, verlassen nicht ein Unternehmen, sondern ihren Vorgesetzten. Großunternehmen besitzen also anscheinend keine einheitliche Unternehmenskultur, sondern so viele Kulturen, wie es Vorgesetzte gibt. Was immer die Zentrale plant, die Unternehmenskultur auf der Ebene der Profitcenter entpuppt sich als Eigenschöpfung des jeweiligen Geschäftsführers und der übrigen Führungskräfte vor Ort. Diese Studienergebnisse wurden immer wieder bestätigt. Die Beziehung und das Verhältnis zum Chef ist der wichtigste erste Schlüssel zur Motivation. Mensch gewinnt Mensch. Oder verliert.

> **!**
>
> **Vier Dinge muss eine Führungskraft besonders gut beherrschen, um als »Katalysator« für die Mitarbeiter zu wirken:**
>
> **– die geeigneten Arbeitskräfte auswählen,**
> **– klare Leistungserwartungen aufbauen,**
> **– Mitarbeiter motivieren und**
> **– Mitarbeiter entwickeln.**

Mitarbeiter als Partner zu betrachten und zu behandeln ist eine große Herausforderung, der viele Führungskräfte heute nicht gewachsen zu sein scheinen. Viele Beschäftigte sind nicht zufrieden mit der Art und Weise, wie sie geführt werden. Angestellte ärgern sich oft über unfähige Vorgesetzte und monieren, dass diese Kontroll-Freaks seien, Ideen abblockten oder als ihre eigene Leistung verkauften. Nicht wenige Mitarbeiter geben ihren Chefs die Note mangelhaft. Sie halten Anerkennung und Kritik von Vorgesetzten für unausgewogen, bemängeln, dass Konflikte und Probleme unter den Teppich gekehrt werden und konstruktive Kritik nicht angenommen wird. Die Defizitliste im Bereich der Sozialkompetenz ist lang. Gut verkäufliche

Buchtitel wie *Mein Chef ist ein Arschloch, Ihrer auch?* von Margit Schönberger und *Den Chef im Griff* von Petra Begemann oder *Der Fisch stinkt vom Kopf* von Hein Hansen sprechen Bände über die Sorgen und Nöte heutiger Mitarbeiter im Umgang mit Vorgesetzten. Mit Büchern zu diesem Thema lässt sich inzwischen eine eigene Bibliothek füllen.

»Jeder Mitarbeiter ist ersetzbar« – das glauben noch immer viele Führungskräfte. Ein solcher Killersatz halbiert die Motivation und widerspricht auch dem Schlüsselsatz »Ich brauche Sie!«. Mitarbeiter, die sich für austauschbar halten, fühlen sich gleichgültig behandelt und haben keine Motivation, sich besonders anzustrengen. Im Hinblick auf die Entwicklung von Arbeitskräften zu Wissensarbeitern in der Informationsgesellschaft ist diese Ansicht auch schlichtweg falsch. Es kommt nämlich ganz besonders auf das spezifische Know-how des Mitarbeiters an seinem Arbeitsplatz an, das keineswegs ersetzbar ist; denn es sind die Mindworker, durch deren Ideen Patente, Lizenzen, Rechte, Markenzeichen und Urheberrechte entstehen, die vermietet, geleast oder gewinnbringend genutzt werden können. Wird ein Mitarbeiter entlassen, so verliert das Unternehmen den Zugriff auf sein Know-how; der Nächste, der eingestellt wird, muss sich erst wieder neues Know-how erarbeiten.

> **!** **Wer ernsthaft eine Partnerschaft mit seinen Mitarbeitern eingehen will, sollte jeden an seinem besonderen Platz würdigen und wertschätzen. Dies bedingt, die Einmaligkeit und Einzigartigkeit jedes Mitarbeiters zu erkennen und zu fördern.**

Wir kennen alle den Grundsatz der praktischen Ethik: »Behandle jeden Menschen so, wie du selbst behandelt werden möchtest.« Doch dieser Ansatz im Umgang mit Mitarbeitern ist falsch. Richtig müsste es heißen: »Behandle jeden Menschen so, wie er selbst behandelt werden möchte.« Dies ist der erste Schritt auf dem Weg, das wahre Potenzial von Mitarbeitern zu erkennen und zu fördern, was wiederum die Voraussetzung für deren gezielte Weiterbildung ist. Führungskräfte müssen nicht nur erkennen, dass jeder Mitarbeiter anders ist, sondern aus ihren individuellen Stärken auch Kapital schlagen. Sie müssen nach Anhaltspunkten für die natürlichen Stärken jedes Einzelnen Ausschau halten, am besten bereits im Rekrutierungsprozess.

Mitarbeiter sind keine Computer, die mit Ein- / Ausschaltern geliefert werden. Um ihre volle Leistungsfähigkeit zu erreichen und ihr Potenzial zu entfalten, brauchen sie Führungskräfte, denen sie vertrauen, die das Beste von ihnen erwarten und die sich Zeit nehmen, sich mit ihren Stärken zu befassen. Kurzum: Sie brauchen eine Partnerschaft. Und diese Partnerschaft beginnt bereits bei der Einstellung – oder sie wird genau dann bereits abgewürgt.

Die gedas Deutschland GmbH, einst führender IT-Dienstleister für die Automobil- und Fertigungsindustrie, hatte für ihre Mitarbeiter ein eigenes Trainingszentrum gegründet, die gedas Academy. Eine wichtige Rolle bei der Weiterbildung spielte die wechselseitige Beurteilung von Führungskräften und Mitarbeitern. Das Feedback, das der Einzelne dadurch erhielt, war zum einen Indikator für die Zufriedenheit am Arbeitsplatz, zum anderen wurden Fähigkeiten und Fertigkeiten der Beurteilten herausgefiltert. Die Ergebnisse wurden anschließend von der Führungsebene ausgewertet und diskutiert, um zu verhindern, dass Abteilungsleiter aus Eigennutz Talenten mit Führungspotenzial die Karriere verbauen. Denn es galt grundsätzlich, dass Führungskräfte verpflichtet sind, die Beschäftigten zu fördern.

Das sollte auch heute noch ein Grundsatz sein.

Einstellungen von Führungskräften zu Mitarbeitern

Bequemer, als sich mit den Stärken zu befassen, ist es für Führungskräfte, an den Schwächen herumzudoktern, auch wenn das ein Fass ohne Boden ist, weil jeder Mensch mehr Schwächen als Stärken hat. Die Vorstellung, es sei wichtiger, Schwächen zu schwächen, als Stärken zu stärken, beruht auf der falschen Vorstellung, alle müssten gleichbehandelt werden, um dem Vorwurf der Unfairness und Günstlingswirtschaft zu entgehen. Doch jeder Mensch besitzt seine eigene Motivationsstruktur, seine eigene Denkweise, seine eigenen Verhaltensstile. Am schwierigsten ist es für Manager zu erkennen, dass jeder Mitarbeiter den Job zwangsläufig anders macht, als er selbst dies tun würde.

Statt Differenzen abzuschleifen, geht es darum, Unterschiede zu nutzen. Daher ist jeder Versuch, einen Königsweg oder eine Standardmethode zur Schulung aller Mitarbeiter zu implementieren, zum Scheitern verurteilt. Führungskräfte, die das nicht erkennen, glauben dann häufig: »Meinen Leuten fehlt es an Talent.«

Viele Vorgesetzte sind auch durch ein grundsätzliches Misstrauen blockiert, das auf eine eigene Unsicherheit oder schlechte Erfahrungen zurückgehen mag. Sie glauben, ihre Mitarbeiter müssten sich ihr Vertrauen erst verdienen. Doch wie soll das funktionieren? Wann hat der Mitarbeiter genug auf das Vertrauenskonto eingezahlt, um vonseiten der Führungskraft Auszahlungen erhalten zu dürfen?

Grundlegendes Misstrauen hat stets die Konsequenz, dass der Vorgesetzte seinen Mitarbeitern nicht genügend Spielraum und Freiraum einräumt, um ihre Aufgaben zu erledigen und sich weiterzuentwickeln. Geplagt von dem Verdacht, Mitarbeiter könnten ihre Freiheiten zu sehr ausnutzen, bleibt dem Vorgesetzten nur der Griff nach Vorschriften, Regeln und Bürokratie. So glaubt er, den vermeintlichen Schlendrian eindämmen zu können, doch in einer Kultur des Misstrauens kann nichts gedeihen, weil es an Flexibilität, an Bereitschaft und an Partnerschaft fehlt. Kontrollen und Vorschriften sind nur dort angebracht, wo ansonsten die Sicherheit gefährdet wäre.

Typische Vorurteile von Führungskräften über ihre Mitarbeiter	Die richtigen Einstellungen zu Mitarbeitern im Geiste der Partnerschaft
Jeder Mitarbeiter ist ersetzbar.	Jeder Mitarbeiter ist einmalig und einzigartig, daher nicht ersetzbar.
Alle Mitarbeiter müssen gleichbehandelt werden (die gleichen Schulungen mitmachen, ihre Aufgaben auf gleiche Weise erledigen, auf gleiche Art motiviert werden usw.).	Jeder muss aufgrund seiner individuellen Stärken anders behandelt, motiviert und geschult werden.
Meine Mitarbeiter bringen nicht genug Stärken oder Talente ein. Sie haben zu viele Schwächen.	Jeder Mitarbeiter ist begabt und bringt spezifische Stärken ein. Diese gilt es zu erkennen und zu fördern.
Vertrauen ist wichtig, aber zunächst muss es von den Mitarbeitern verdient werden. Vertrauen ist gut, aber Kontrolle ist besser.	Vertrauen muss grundsätzlich von Anfang an gegeben sein. Kontrolle ist nur in sicherheitsrelevanten Bereichen angebracht.

! **Die Konzentration auf die individuellen Stärken jedes Mitarbeiters ist ein bewusster Akt und zugleich der rote Faden, der den guten Manager bei seinen Bemühungen leitet.**

Flow bei vollem Ausleben der Stärken

Wenn Mitarbeiter nach ihren Stärken eingesetzt werden, empfinden sie häufig das, was Mihály Csíkszentmihályi in seinen Forschungen als *Flow* bezeichnet hat. *Flow* ist ein Glücksgefühl, das eintritt, wenn uns eine gerade anstehende Aufgabe mit ihrer Komplexität so sehr gefangen nimmt, dass wir vollständig darin aufgehen. Es gibt dann keine Trennung zwischen Gedanken und Handlung, zwischen Selbst und Umgebung mehr.

Flow setzt voraus, dass die eigenen Talente voll in Anspruch genommen werden und dass ein harmonisches Gleichgewicht zwischen den eigenen Fähigkeiten und den Anforderungen, die.eine Aufgabe stellt, gegeben ist – mit anderen Worten: dass wir unsere Stärken ausleben können.

In einer seiner Veröffentlichungen befasst sich Csíkszentmihályi mit *Flow* am Arbeitsplatz und identifiziert acht Merkmale, die mit *Flow* im beruflichen Tun verbunden sind:

1. Die Ziele müssen klar sein: Um sich auf eine Aufgabe einlassen zu können, muss die Person genau wissen, was zu tun ist, und zwar in jedem Augenblick. Dabei ist es wichtiger, sich auf den Prozess des Tuns zu konzentrieren, als sich mit dem Endziel übermäßig zu beschäftigen.

2. Das Feedback kommt sofort, und zwar zumeist von der Person selbst, die die Tätigkeit ausübt.

3. Handlungsmöglichkeiten und Fähigkeiten entsprechen einander. Die betreffende Tätigkeit sollte die Person weder unterfordern noch überfordern. Bei Unterforderung tritt Langeweile ein und bei Überforderung Angst, der Aufgabe nicht gewachsen zu sein.

4. Die Konzentration steigt, je mehr sich die Person in die Aufgabe vertieft. Eine besonders starke Konzentration rechtfertigt die Verwendung des Begriffs »Ekstase«.

5. Es zählt nur die Gegenwart. Alle Sorgen, Probleme und Alltagsdinge rücken während der Tätigkeit vollständig in den Hintergrund.

6. Es besteht das Gefühl, die Situation vollständig zu beherrschen.

7. Das Zeitgefühl verändert sich: Während der *Flow* auslösenden Tätigkeit wird die Zeit entweder als schrumpfend oder gedehnt empfunden.

8. Das Ich-Bewusstsein setzt aus. Vollständig eingetaucht in die Erfahrung, neigt der Mensch dazu, das eigene Selbst zu vergessen.

Csíkszentmihályi konstatiert, dass es viele Arbeitsplätze an den Voraussetzungen für *Flow*-Erlebnisse fehlen lassen. Die Anforderungen an die Tätigkeiten entsprechen nicht der Qualifikation der Arbeitnehmer, die sich häufig unter- oder überfordert fühlen. Beides kann langfristig zum Burn-out oder zum Bore-out führen. Wenn ein großer Teil der Qualifikationen von Arbeitnehmern nicht gebraucht wird, lässt ihr Engagement für den Arbeitsplatz schnell nach. Stattdessen verlagert sich das Interesse in die Freizeit.

Der Forscher kritisiert zudem, dass es in vielen Jobs an Steuerungsmöglichkeiten fehlt, um die einzelnen Arbeitsschritte individuell zu beeinflussen. Auch an Möglichkeiten zur Konzentration mangelt es oft: An vielen Arbeitsplätzen führen ständige Unterbrechungen allmählich in einen Zustand chronischer Bedrängnis und Ablenkung. Die Folge ist Stress.

Um Mitarbeitern Wachstum zu ermöglichen, empfiehlt Csíkszentmihályi, ihnen das *Learning by Doing* zu ermöglichen, das Lernen anhand des praktischen Tuns und damit gegebenenfalls auch das Lernen aus Fehlern.

> **!** **»Um die Mitarbeiter dazu zu bewegen, auf die gemeinsamen Ziele hinzuarbeiten und darüber persönlich zu wachsen, kann eine Unternehmensführung nichts Besseres tun, als die Voraussetzungen für Flow-Erfahrungen am Arbeitsplatz zu schaffen.« (Csíkszentmihályi)**

Ist eine Vision verkündet und Vertrauen aufgebaut worden, so muss nur noch dafür gesorgt werden, dass das Verhalten des Unternehmens die Beschäftigten nicht der Freude beraubt, die sich ganz natürlich einstellt, wenn man sein Bestes tun und geben kann. Dazu können Führungskräfte mit der Konzentration auf die Stärken des Mitarbeiters und eine dementsprechende Personalentwicklung maßgeblich beitragen.

Personalentwicklung als systematisierten Prozess verwirklichen

Die Personalentwicklung und damit auch die HR-Abteilung gewinnt immer mehr an Bedeutung, je größer die Rolle der Beschäftigten als Wissensarbeiter im Unternehmen wird. Personalmanagement darf keineswegs als ein einfach strukturiertes Konzept angesehen werden, sondern muss als komplexer und systematisierter Prozess betrachtet werden. Der Prozess beginnt damit, geeignete Mitarbeiter zu gewinnen, die ein gegebenes Tätigkeitsprofil ideal abdecken, und setzt sich fort mit ihrer Integration in Teams und mit Plänen und Konzepten zu ihrer Förderung und Entwicklung. *Employer Clienting®*-Konzepte ermöglichen es, das Potenzial der vorhandenen Mitarbeiter bedarfsgerecht und nachhaltig zu analysieren und eine optimale Teambildung zu forcieren. Doch der Erfolg eines Teams steht und fällt mit der Kompetenz und Effektivität seiner Führung.

Der erste Schritt zur Personalentwicklung nach der Einstellung besteht darin, eine individuelle Bedarfsanalyse vorzunehmen. Dadurch können der Leistungsstand des Einzelnen genau definiert und entsprechende Fort- und Weiterbildungsmaßnahmen eingeleitet werden. Nur die wenigsten Unternehmen verfügen bisher über eine Strategie im Bereich der Aus- und Weiterbildung, auch wenn ein Drittel aller Unternehmen zur Entwicklung der Mitarbeiterpotenziale bereits eine eigene Stabsstelle eingerichtet hat. Viele Unternehmen werten die durchgeführten Schulungsmaßnahmen pro Mitarbeiter nicht aus. Damit fehlt es jedoch an einer messbaren Erfolgskontrolle, obwohl dafür eine Reihe von Softwareprogrammen existiert, die es erleichtern, die komplexen Konzepte zu verwalten. Schulungsmaßnahmen zu entwickeln darf jedoch nicht nur Aufgabe der Personalentwicklung sein. Vielmehr müssen Mitarbeiter, Führungskräfte und Personalmanagement gleichermaßen in die Kommunikation miteinbezogen werden.

! **Die Entwicklung der Fähigkeiten der eigenen Mitarbeiter wird immer mehr zu einem zentralen Moment der Unternehmensstrategie. Unternehmen, die in die Aus- und Weiterbildung ihrer Mitarbeiter nicht investieren, schwächen ihre Leistungsfähigkeit oft dramatisch.**

Um eine Partnerschaft mit den Mitarbeitern zu pflegen, sind regelmäßige bilaterale Gespräche zwischen Führungskräften und Mitarbeitern notwendig, in denen einmal monatlich alle Themen besprochen werden. Solche Gespräche sind auch eine gute Gelegenheit, dem Mitarbeiter seine herausragenden Fähigkeiten bewusst zu machen, falls er sie selbst nicht kennt. So wird die Führungskraft zum Partner und Coach. Zusätzlich lassen sich zum Beispiel Projektabende einrichten, in denen Dinge diskutiert werden, die nicht von der Geschäftsleitung, sondern von den Mitarbeitern vorgegeben werden. Menschen müssen miteinander reden, um sich besser verstehen zu können.

Ein Mitarbeiter begreift seine Selbstverantwortung, wenn er versteht, dass das Unternehmen die Plattform ist, auf der er seine Fähigkeiten entfalten und seinen Interessen nachkommen kann. Das ist dann der Fall, wenn Sie die Aufgaben nach den Stärken der Mitarbeiter verteilen. Kennen Sie die Stärken und Schwächen Ihres Teams, so können Sie die Aufgaben an diejenigen verteilen, die die größte Begeisterung für die jeweiligen Tätigkeiten aufbringen. Dabei werden die erreichten Ziele zu neuen Erfolgserlebnissen und bekräftigen die Stärken des Mitarbeiters. Mehr Verantwortung und Erfolge motivieren jeden Mitarbeiter.

Am Anfang wird unter Umständen etwas Geduld nötig sein. Viele Menschen sind es noch nicht gewohnt, ihre Potenziale im Beruf zu entfalten und auszuleben. Sie gehen erst durch eine Phase der Anpassung, in der Angst aufkommen kann. Hinzu kommt auch die geringe Veränderungsbereitschaft, die heutzutage überall ein großer Hemmschuh ist. Mitarbeiter sind erst einmal skeptisch gegenüber Neuerungen, besonders in Deutschland, und erscheinen dann zunächst unmotiviert. Führungskräfte sind hier gefordert, als Vorbild voranzugehen, die Mitarbeiter »an die Hand« zu nehmen und zu zeigen, wie es geht. Setzen Sie gemeinsam mit den Mitarbeitern Ziele und halten Sie sie schriftlich fest. Durch das Aufschreiben der Ziele werden diese greifbar, werden Realität.

Vielfach sieht es so aus: Der Vorgesetzte steht vor seinen Mitarbeitern und sagt: »Ab heute werden wir ein paar Dinge anders machen!« Zwei Mitarbeiter werden begeistert sein und ihn unterstützen; ein Großteil wird neutral reagieren, und zwei weitere Leute wehren innerlich vehement ab, auch wenn sie sich nach außen nichts anmerken lassen. Leider reicht der Einfluss der »Bremser« aus, um neue Ideen im Keim zu ersticken. Die große Chance liegt jedoch bei den Mitarbeitern, die neutral reagieren, denn bei ihnen sind das Entwicklungspotenzial und die Motivationsbereitschaft am höchsten. Ziel muss es sein, die negativ eingestellten Mitarbeiter in die restliche Gruppe zu integrieren. Damit besteht eine 80-prozentige Chance, die neue Strategie umzusetzen.

Wenn allerdings die vehementen Gegner auf die restlichen Mitarbeiter einen großen Einfluss haben, dann scheitert der Versuch der Veränderung. In diesem Fall muss die Führungskraft mindestens einen Gegner identifizieren und sich von ihm trennen. Dann werden die übrigen Gegner erfahrungsgemäß in das andere Lager überwechseln.

Beteiligung am finanziellen Erfolg

Zu einer echten Partnerschaft gehört es, dass Mitarbeiter auch am finanziellen Erfolg des Unternehmens beteiligt werden. Dafür gibt es zahlreiche Möglichkeiten, zum Beispiel Erfolgsprovisionen und Teamprämien. Warum sollen nicht Gratifikationsprogramme, wie sie sonst nur Vorstände in Aktiengesellschaften haben, auch in mittelständischen Unternehmen ihre Wirkung erzielen?

Kurioserweise ist zwar das Gehalt selbst, auch dessen Erhöhung, für einen Mitarbeiter fast nie eine Motivation. Doch das durch eigene

Leistung Erreichbare und Veränderbare hat eine starke Motivationswirkung. Zu erkennen, dass man mit den eigenen Anstrengungen für das Unternehmen erfolgreich sein kann und dabei selbst einen Nutzen hat, ist ein starker Antrieb, erfolgreich sein zu wollen. Daher tragen Prämiensysteme, die einen errungenen Sieg unmittelbar widerspiegeln, ohne gleich zur Dauereinrichtung zu werden, sehr wohl zur Motivation bei. Sie machen die Mitarbeiter zu Mit-Unternehmern und fördern ihre Zufriedenheit.

Bei der Pumpenfabrik Wangen GmbH sind 80 Prozent des Personals zugleich Mitarbeiter und Unternehmer – durch eine Beteiligung am Kapital und damit am Gewinn. Im Unternehmen hält man den Gegensatz zwischen Anteilseignern einerseits sowie Kunden, Lieferanten und Arbeitnehmern andererseits für konstruiert und setzt stattdessen auf die Pflege gemeinsamer Grundinteressen. Honoriert werden in der Pumpenfabrik Wangen kooperative Eigenschaften, die in keinem Arbeitsvertrag zu regeln sind: geringer Abteilungsegoismus, ständiges Beachten von Kostenvorteilen und die laufende Optimierung von Prozessen.

Der Schlüsselsatz zur Partnerschaft zwischen Unternehmen und Mitarbeitern lautet: »Ich verlasse mich auf Sie!« Dieser einfache Satz trägt dazu bei, das Selbstwertgefühl der Mitarbeiter zu heben.

Beziehungskompetenz und soziale Kompetenz erhöhen

Die vierte Säule des Führungskonzeptes stellt den Menschen in den Mittelpunkt der Unternehmensstrategie. Beziehungskompetenz und soziale Kompetenz bekommen einen wachsenden Stellenwert. Das Motto dazu lautet: Mensch gewinnt Mensch, und keiner gewinnt alleine. Stimmt die Beziehungsqualität innerhalb des Unternehmens, so wirkt das Unternehmen auch nach außen anziehend. Denn von den guten Beziehungen der Mitarbeiter untereinander fühlen sich auch Kunden und andere Außenstehende angezogen. Das hat maßgeblichen Einfluss auf den Geschäftserfolg. Achten Sie schon bei der

Einstellung neuer Mitarbeiter darauf, dass diese nicht nur fachliche, sondern auch soziale Kompetenz ins Unternehmen einbringen.

»Service und Engagement – von allen und für alle«, so lautete das Leitbild der Kreissparkasse Fallingbostel in Walsrode. Das bedeutete, dass sich jeder Mitarbeiter sowohl für die Kunden als auch für die Kollegen engagierte. Für den offenen Umgang miteinander gab es diverse Spielregeln für das Vorstandssekretariat, das Rechnungswesen und die zentrale Vermögensberatung. Alle Abteilungen hatten sich eigene Spielregeln erarbeitet, die schriftlich fixiert wurden und den Umgang miteinander regelten. Ganz oben auf der Liste stand, Lob und Kritik stets offen zu äußern. Für diesen Zweck gab es regelmäßig Mitarbeitergespräche. Die Spielregeln wurden immer wechselseitig formuliert, sodass jeder sowohl Probleme ansprechen als auch Lösungen anbieten durfte. Das Konzept der Offenheit mit Spielregeln hatte nicht nur zu einer guten Positionierung der Sparkasse am Markt geführt, sondern auch zur Zufriedenheit von Kunden und Angestellten.

Die Chancen des Einflusses und der Vernetzung

Macht hat es immer schon in irgendeiner Form gegeben, und es wird sie auch weiterhin geben. Doch in Zukunft wird sie eine neue Form bekommen. Macht kann man auch physikalisch definieren, denn sie erzeugt Spannungen. Und Spannungen sind eine Form der Energie. Man muss sich nun fragen, wie man diese Energie wirkungsvoller einsetzen kann.

Die Macht im klassischen Sinne, die von ihrem Wortsinn her eher negativ belastet ist, weicht dem Einfluss, der mehr und mehr an Bedeutung gewinnt. Denn Macht ist einseitig ausgerichtet, während Einfluss die Möglichkeit zulässt, zum Vorteil beider Seiten zu handeln, des Unternehmens wie auch des Mitarbeiters. Auf Macht kann man häufig verzichten, auf Einfluss nicht. Der Einfluss auf die Mitarbeiter wird in Zukunft zum Schlüsselfaktor in der Partnerschaft. Im Wort »Einfluss« steckt schon der Kern der Aussage: fließen. Alles ist im Fluss. Einfluss kann man nicht kaufen, sondern man muss ihn durch

Spannungen erzeugen, und er braucht Spannungen, um sich weiterzuentwickeln. Spannung entwickelt sich durch Konzentration.

Die entscheidende Frage ist, worauf man sich im Unternehmen konzentrieren soll. Dauerhaft Erfolg kann ein Unternehmen nur haben, wenn es sich auf Menschen und Beziehungen konzentriert und als ersten Schritt seine Mitarbeiter fördert. Mit den einzigartigen Fähigkeiten und Fertigkeiten seiner Mitarbeiter kann ein Unternehmen zum Marktführer in seiner Branche werden, indem es das vorhandene Know-how bestmöglich nutzt.

! **Der Einfluss auf die Mitarbeiter ist dann am größten, wenn der Nutzen für sie am höchsten ist. Er sollte so hoch sein, dass es für die Mitarbeiter keinen Sinn macht, sich nach alternativen Stellen bei anderen Arbeitgebern umzuschauen. Der Einfluss des Unternehmens ist dann am größten, wenn es gelingt, ein einzigartiges Know-how durch soziale Spezialisierung aufzubauen.**

Die meisten Konzerne verstehen sich heute als Global Player und haben den Weltmarkt im Visier. Sie denken noch immer in der Kategorie »Beherrschung der Märkte«. Im Gegensatz zu Beherrschung und Macht hat Einfluss als Ziel, ein gemeinsames Bewusstsein, eine gemeinsame Sicht der Dinge und gemeinsame Werte, für die man einsteht, zu entwickeln. Es handelt sich um eine Vernetzung intelligenter Menschen. Global Brain anstatt Global Player – das muss in Zukunft das Ziel von Unternehmen sein. Die Abbildung veranschaulicht diese Vernetzung, die an die neuronalen Verknüpfungen des menschlichen Gehirns erinnert.

In vernetzten Systemen kann man nicht durch Beherrschungsstrategien erfolgreich werden, wohl aber durch eine gemeinsame Codierung. Weltweit gibt es Menschen, die durch ein vernetztes Bewusstsein die gleiche Sicht auf die Dinge haben. Der richtige Weg ist die Umorientierung von maximaler Macht zu maximalem Einfluss. Denn

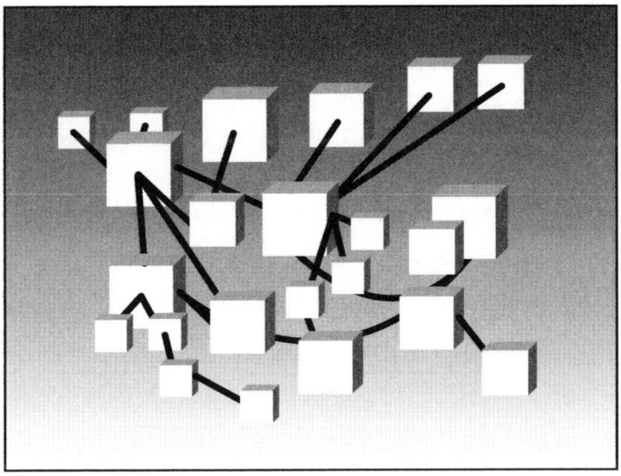

die klassischen Führungsprinzipien zählen heute nicht mehr, stattdessen ist die Fähigkeit gefragt, eine innerbetriebliche und betriebsübergreifende Kooperationsgemeinschaft aufzubauen.

In dieser Kooperation sind Fairness, Konsequenz, Transparenz und Offenheit die Herausforderungen für jede Führungskraft. Führen mit Gefühl und Verstand erfordert konsequente Disziplin und soziale Fähigkeiten. Ein kooperativer Führungsstil ermöglicht Mitarbeitern eine direkte Identifikation mit dem Unternehmen. Ein gutes Führungsinstrument kann beispielsweise das Ideen- oder Innovationsmanagement sein. Mitarbeiter werden gebeten, Verbesserungs- und Entwicklungsvorschläge zu machen und sie offen zu kommunizieren. So wird der einzelne Mitarbeiter aktiv in wichtige Unternehmensprozesse eingebunden, wodurch er ein hohes Maß an Mitverantwortung entwickeln kann.

Unternehmen müssen die Bedeutung der ständigen Kommunikation zwischen Führungskraft und Mitarbeiter in den Vordergrund stellen. Nur durch dauernden Austausch und Coaching kann eine deutlich erfolgreichere Umsetzung erfolgen. Hier sind gerade die Personalexperten im Unternehmen gefragt, die diese wichtigen Fertigkeiten und Fähigkeiten der Führungskräfte und Mitarbeiter steuern müssen. Es wächst mehr und mehr die Einsicht, dass der Mitarbeiter eine zunehmend individuelle, auf seine Lebenssituation abgestimmte Führung und entsprechende Förderungsmaßnahmen benötigt. Das bedeutet nicht, das Unternehmen in eine karitative Einrichtung umzuwandeln. Nach wie vor werden Mitarbeiter nach Leistung bewertet.

> **!** **Ein gesundes Gleichgewicht zwischen Fordern und Fördern stellt dabei die ideale Kombination dar.**

Besonders in Krisenzeiten ist eine verstärkte Kommunikation zwischen Führungskraft und Mitarbeitern essenziell. Es ist außerordentlich wichtig, gemeinsam mit den Mitarbeitern die Wege aus der Krise zu diskutieren und festzustellen, welchen Beitrag jeder Einzelne dabei leisten kann. Die gemeinsame Definition von Zielen steigert die Identifikation der Mitarbeiter mit dem Unternehmen erheblich, stärkt ihre Einsatzbereitschaft und ihr Verantwortungsgefühl. Die Mitarbeiter mobilisieren ihre Kräfte eigenverantwortlich und tragen so dazu bei, Prozesse zu optimieren. Nach der gemeinschaftlichen Überwindung einer solchen Krise hält der »Klebstoff« zwischen Mitarbeitern und Unternehmen bombenfest.

> **!** **Im Gegensatz zum autoritären Führungsstil, der ausschließlich auf den Erhalt des Machtpotenzials ausgerichtet ist, geht es beim kooperativen Führungsstil um den Einfluss auf die Mitarbeiter. Je größer der Einfluss, desto haltbarer die Partnerschaft zwischen Unternehmen und Mitarbeitern – auch und gerade in Krisenzeiten.**

Der Schlüsselsatz für die vierte Säule lautet: »Ich mag Sie!« Damit geben Sie den Mitarbeitern das Gefühl, sie zu akzeptieren.

Führungscredo der Zukunft

Wer sein Führungskonzept auf dem Vier-Säulen-Modell aufbaut, geht den Weg von der Organisation zur Selbstorganisation des Unternehmens. Der Führungsanspruch der Zukunft lautet: Wie führt sich das Unternehmen selbst? Wenn jeder Mitarbeiter im Unternehmen für seinen Tätigkeitsbereich selbst verantwortlich ist und sowohl die Ergebnis- als auch die Profitverantwortung übernimmt, so bedarf es immer weniger des Eingreifens »von außen« durch Führungskräfte, die sagen, was zu tun ist. Der Mitarbeiter führt sich mehr und mehr selbst in einem funktionierenden Beziehungsnetzwerk von Kollegen und Partnern. Führungskräfte haben dann die beruhigende Gewissheit, dass es von alleine läuft, und das sogar bei der Rekrutierung neuer Beschäftigter, denn zu attraktiven Unternehmen finden neue Mitarbeiter den Weg von allein.

FÜHRUNGSCREDO DER ZUKUNFT	
Früher	Wie führe ich ein Unternehmen?
Heute	Wie führen wir ein Unternehmen?
Zukünftig	Wie führt sich das Unternehmen selbst?

ZUSAMMENFASSUNG

- Ein tragfähiges Führungskonzept, das Menschen in den Mittelpunkt des Unternehmens stellt, beruht auf vier Säulen:

  Säule 1: In der Zeit zunehmenden Jobhoppings und der wachsenden Konzentration auf die Freizeit setzt eine mitreißende *Vision* bei Mitarbeitern Energien frei, die sie motivieren und im Unternehmen halten. Sie gibt ihnen das Gefühl, an der Realisierung einer einzigartigen Idee mitzuwirken. – Der Schlüsselsatz zur Führung lautet: »Ich will Sie!«

Säule 2: Unternehmen sollten sich selbst als *soziale Spielfelder mit Familiencharakter* betrachten. Werte, wie sie für Familien typisch sind – gemeinsam lachen, sich freuen, Erfolge feiern und Niederlagen beklagen –, lassen sich problemlos auch in die Firma hineintragen. Macht dann außerdem die Arbeit Spaß, weil Mitarbeiter ihren Fähigkeiten und Stärken entsprechend eingesetzt werden, so ist der Übergang zwischen Freizeit und Arbeitszeit fließend. Der Schlüsselsatz zur Führung »Ich brauche Sie!« vermittelt dem Mitarbeiter das Gefühl, wichtig zu sein.

Säule 3: Um mit den Mitarbeitern eine *Partnerschaft* einzugehen, bedarf es fähiger Vorgesetzter, die sich auf die Stärken anstatt auf die Schwächen und Mängel der Mitarbeiter konzentrieren. Zudem sind eine gezielte Personalentwicklung und die Einführung von Prämiensystemen, die die Beschäftigten angemessen am Erfolg beteiligen, notwendig. Der Schlüsselsatz »Ich verlasse mich auf Sie!« trägt zur Steigerung des Selbstwertgefühls bei.

Säule 4: Unternehmen mit einer ausgeprägten *Beziehungsqualität* nach innen haben auch bessere Kontakte nach draußen zu ihren Kunden und erhöhen damit ihren Marktwert. Der Stellenwert von Beziehungen wird wesentlich dadurch gesteigert, dass Führungskräfte mit kooperativem Führungsstil Einfluss ausüben, anstatt nach autoritärem Führungsstil mit Macht herrschen zu wollen. Mit dem Schlüsselsatz »Ich mag Sie!« gibt man Mitarbeitern das Gefühl, sie als Menschen zu akzeptieren.

■ Ein Führungskonzept, das auf dem Vier-Säulen-Modell errichtet ist, fördert die Wandlung von der Organisation zur Selbstorganisation des Unternehmens.

KAPITEL 6

Täuscher, Trickser, Tarnkappenbomber – Mobbing und seine Ursachen

»Die Geschichte unserer Kultur ist heute mehr denn je von jenen erfüllt, die sich in der Vorzeit Moloch oder Nero nannten und die unablässig Opfer forderten. Ihre Namen sind längst unserer Zeit angepasst. Heute nennen wir sie Mobbing, Selbstherrlichkeit, Verachtung und Lieblosigkeit.«

PETER E. SCHUMACHER, DEUTSCHER APHORISMENSAMMLER UND PUBLIZIST

Mobbing – ein typischer Fall

Wir wollen an einem Beispiel erläutern, welche Konsequenzen es haben kann, wenn Mobbing zu spät erkannt wird.

Effizientes Mobbingsystem

Als der Geschäftsführer Marc Müller merkte, was passiert war, war es schon beinahe zu spät. Buchstäblich in letzter Sekunde hatte er seine engste Mitarbeiterin und Stellvertreterin entlassen, die er erst vor zwei Jahren eingestellt hatte. Er hatte ihr grenzenloses Vertrauen entgegengebracht, bis er merkte, dass sie hinter seinem Rücken ein effizientes Mobbingsystem aufgebaut hatte.

Die ersten Zweifel an der Loyalität seiner Stellvertreterin waren Müller gekommen, als er die Abbuchung der Telefongesellschaft auf einem Kontoauszug sah. Bei der Kontrolle der Abrechnung musste er zu seinem Entsetzen feststellen, dass eine einzige Nummer im Ausland in den letzten drei Monaten von morgens bis abends regelmäßig angewählt worden war und die Rechnung lange Gespräche insbesondere nach 18 Uhr aufwies. Eine Überprüfung der Telefonnummer ergab sehr schnell, dass sie sich im firmeneigenen Informationssystem befand. Ganz besonders betroffen war Müller von der Tatsache, dass es sich um einen Kunden seiner Firma, den Inhaber einer Werbeagentur, handelte, mit dem er kurz Kontakt gehabt hatte.

Erst diese nicht zu übersehenden Fakten brachten Müller dazu, weitergehende Recherchen anzustellen, die am Ende eine fristlose Kündigung unvermeidlich machten. Dabei hätte er bis vor kurzem für jeden seiner Angestellten, auch für seine Stellvertreterin, seine Hand ins Feuer gelegt. Schon bei der kleinsten Kritik verteidigte er sein Team vehement gegen Außenstehende und fühlte sich sogar persönlich angegriffen, wenn ihm die leisesten Anzeichen von Unstimmigkeiten in seiner Firma aufgezeigt wurden. Denn alle seine Mitarbeiter waren in seinen Augen loyal und engagiert.

Warnhinweise übersehen

Dennoch musste er sich eingestehen, dass er etliche Warnhinweise in den letzten Monaten übersehen oder schlichtweg ignoriert hatte. So waren ihm immer mehr Entscheidungen abgenommen worden, ohne dass er es so recht bemerkt hatte. Am Anfang war er dankbar für das Engagement, aber mehr und mehr bekam er den Eindruck, kaum noch gefragt zu werden. Andererseits wurde ihm aber geschickt die Vorstellung vermittelt, als Unternehmer selbst die Entscheidungen getroffen zu haben. Irgendwie war das Problem nicht greifbar.

Schließlich wurde das Arbeitsklima immer schlechter, und die Mitarbeiter wurden von seiner Stellvertreterin als Versager hingestellt, sodass er auf ihr Anraten sogar Kündigungen aussprechen wollte. Gott sei Dank hatte ihn etwas davon zurückgehalten, obwohl er fast dazu gedrängt worden war, diese Menschen zu entlassen. Wären die Mitarbeiter tatsächlich entlassen worden, dann hätte seine Stellvertreterin frei schalten und walten können, denn die verbliebenen Kollegen waren bereits von ihr instruiert worden.

Kultur des Misstrauens

Wenn man will, kann man jeden anderen Kollegen dumm dastehen lassen und eine Kultur des Misstrauens nach innen schaffen. Im Falle seiner Stellvertreterin funktionierte es so, dass Mitarbeiter zu Unrecht verdächtigt worden waren, ihre Arbeit nicht gewissenhaft erledigt zu haben. Erst jetzt fand er Stapel von E-Mails, Bestätigungen und Briefen, die angeblich an die Mitarbeiter weitergereicht worden waren, tatsächlich aber nie dort angekommen waren. Die Mitarbeiter wagten schon lange nicht mehr, sich aufzulehnen, denn sie mussten den Beweis einer klaren Absicht seiner Stellvertreterin, die Informationen nicht weiterzugeben, schuldig bleiben. Sie ahnten jedoch im Gegensatz zu Müller sehr viel früher, dass seine engste Vertraute zwei Gesichter hatte. Da aber allen bekannt war, dass Müller Intrigen verabscheute, wagte niemand den Schritt, ihn direkt auf das hinterhältige Verhalten seiner Mitarbeiterin anzusprechen.

Erst nach und nach setzte sich das Puzzle zusammen: Müller fiel ein, dass er häufig nur ein Kopfschütteln als Antwort erhalten hatte, wenn er nach weiteren Details eines Projektes gefragt oder eine Auftragsbestätigung angemahnt hatte. Das Verteidigungsbollwerk aus Lügen, Mobbing, Augenklimpern und beruhigenden Worten hatte er nicht durchschaut. So war ihm nicht aufgefallen, dass wesentliche Geschäftsunterlagen gar nicht mehr vorhanden waren. Bei der Sichtung der Akten und Dateien gemeinsam mit seinen Mitarbeitern fand er schließlich Berge unerledigter Geschäftsvorgänge. Stichproben ergaben, dass in seinem engsten Umfeld bereits seit Monaten nicht mehr korrekt gearbeitet worden war.

Vorgetäuschtes Engagement

Auf der anderen Seite hatte es seine Stellvertreterin aufs Beste verstanden, sich unentbehrlich zu machen. War sie einmal im Büro nicht anwesend, lief nämlich gar nichts mehr. Nun bekam auch ihr Urlaubsverzicht eine ganz andere Bedeutung, musste sie doch befürchten, dass ihre Intrigen während ihrer Abwesenheit ans Tageslicht kamen. Ihr »Engagement« lag also schlicht und einfach darin begründet, dass bei einem Urlaub ohne Zweifel die eklatanten Missstände viel eher entlarvt worden wären. Auch die von Müller beinahe mit persönlichem Schuldbewusstsein akzeptierten Überstunden fanden nun eine einfache Erklärung: Seine Stellvertreterin konnte in aller Ruhe ihren Freund im Ausland anrufen und dabei gleichzeitig demonstrieren, wie unermüdlich sie sich angeblich noch bis tief in die Nacht für das Unternehmen einsetzte.

Wie war es nur dazu gekommen, dass Müller diese Frau überhaupt eingestellt hatte? Bei genauerem Nachdenken fiel ihm auf, dass sie ihm in ihrer Art sehr ähnlich war. Müller ist permanent aktiv, hat ständig neue Ideen und greift ohne Zögern neue Anregungen auf, ist begeisterungsfähig und initiativ. Genau das war es, was ihm auch an seiner Stellvertreterin schon im Vorstellungsgespräch gefallen hatte: Mit den Worten: »Genau das müssen wir tun« nahm sie neue Ansätze sofort auf.

Müller war eigentlich auf der Suche nach jemandem gewesen, der ihn entlasten konnte, der die Dinge für ihn realisierte, ohne dass er jedes Detail erklären musste. Weil er so begeistert davon war, wie sie die Sachen anpackte, hatte er ihr nach und nach immer mehr Verantwortung übertragen und ihr freie Hand gelassen, sodass sie sich völlig unkontrolliert entwickeln konnte. Und dann hatte er einige grundsätzliche Führungsfunktionen nicht mehr wahrgenommen und sie zu oft ohne Kontrolle gewähren lassen. Er begnügte sich mit oberflächlichen Antworten auf seine Fragen.

Typisch ist dieser Mobbingfall insoweit, als dass

- er hohe finanzielle Schäden hervorrief,
- er zu einer schleichenden Verschlechterung des Betriebsklimas mit fehlender Offenheit führte,
- er sich über einen längeren Zeitraum hinzog,
- es an nachweisbaren Fakten, nicht aber an Indizien für das Mobbing mangelte und
- die unfairen Attacken gezielt die Schwächen der Kollegen wie auch des Chefs ausnutzten.

Mobbing in Deutschland – ein alltägliches Phänomen

Die *Fairness-Stiftung*, eine gemeinnützige Einrichtung, die von Mobbing betroffenen Führungskräften, Mitarbeitern und Organisationen hilft, schätzt, dass pro Jahr mehr als 1,5 Millionen Menschen aller Hierarchieebenen von Mobbing betroffen sind, was zu einem erheblichen volkswirtschaftlichen Schaden in zweistelliger Milliardenhöhe führt (siehe www.fairness-stiftung.de/Mobbing.htm). Pro Betrieb muss bei unfairen Attacken mit teuren Folgeschäden gerechnet werden. Durch »Management by Angst« verlieren Unternehmen fast die Hälfte ihrer Leistungsfähigkeit.

Es werden verschiedene Arten des Mobbings unterschieden. Der Begriff »Mobbing« ist dabei nur in Deutschland üblich, während das

Englische differenziert die unterschiedlichen Arten unfairer Attacken unterscheidet. Am häufigsten sind Rufmord und Sabotagen. Hartnäckig hält sich noch immer der Glaube, Mobbing bringe Karriere- und Unternehmensvorteile. Doch das Gegenteil ist wahr. Wenn die Vertuschung von Mobbingaktionen Vorteile bringt, ist das Unternehmen krank. Zu einer gesunden Firmenkultur gehört die Ächtung von Regelbrüchen, wie sie unfaire Attacken nun einmal darstellen.

Art des Mobbings	Art der Attacke
Dissen	Jemand wird zuerst als Andersdenkender eingestuft, dann abgestempelt, schließlich ausgegrenzt
Mobbing	Destruktive Kommunikation, um jemanden zu beschädigen (engl. to mob = anpöbeln)
Bossing	Systematische Attacken von Vorgesetzten gegen abhängig beschäftigte Mitarbeiter
Bullying	Unfaire Attacken von Einzelnen, die besonders rücksichtslos vorgehen (engl. bully = Despot, Tyrann)
Stalking	Psychoterror durch Verfolgung einer Person, zum Beispiel per Telefon oder durch Auflauern
Chairing	Unfaire Attacken auf der Ebene von Führungskräften; die Chairmen (Vorstände) neiden sich gegenseitig ihre Positionen
Staffing	Unfaire Attacken von Mitarbeitern gegen Führungskräfte, um den Staff (Führungsstab) zu beschädigen
Defaming	Diffamierung; Herabsetzung durch Zerstörung des guten Rufes (lat. fama = Gerücht)
Shaming	Bloßstellen privater Aspekte einer Person in der Öffentlichkeit; auch Anprangern ganzer Organisationen durch beschämende Behauptungen

Auf der Homepage der Fairness-Stiftung wird betont, dass sich der Begriff *Cybermobbing* eingebürgert hat, wenn beim Mobbing das Internet eine zentrale Rolle spielt. Allerdings ist vieles, das mit Cybermobbing gemeint wird, dem in der Tabelle erläuterten öffentlichen Bloßstellen (Shaming) oder einer Diffamierungskampagne (Defaming) zuzuordnen.

Dem Mobbing vorbeugen

Im Beispielfall – wie auch in vielen anderen Fällen, die sich täglich abspielen – hätten sich das Mobbing und die daraus resultierenden Schäden vermeiden lassen, wenn das Unternehmen bereits bei der Rekrutierung der neuen Mitarbeiterin sorgfältiger und planmäßiger vorgegangen wäre. Marc Müller hatte bei der Einstellung den typischen Fehler begangen, den viele begehen: Er hatte eine Mitarbeiterin eingestellt, die ihm ähnlich war – mit anderen Worten: Er war nach dem »Nasenfaktor« vorgegangen. Es ist daher richtig, bei der Rekrutierung andere Aspekte in den Fokus zu rücken.

Neue Maßstäbe bei der Rekrutierung

Es liegt in der Natur des Menschen, dass wir immer auf diejenigen zugehen, die unserem eigenen Spiegelbild am ehesten entsprechen. Wir suchen uns Menschen aus, die emotional mit unserem Selbstbild übereinstimmen. Marc Müller hat ein gelbes Persönlichkeitsprofil und zog unbewusst jemanden mit gleichem Profil an. Eigentlich hatte er jedoch jemanden gesucht, der ihn entlastete, der also komplementär zu ihm ein grünes oder blaues Profil besaß. Dies zeigt erneut:

> **!** **In die Auswahl, den Aufbau und die Bewertung des richtigen Mitarbeiters muss bereits vor der Einstellung in der Rekrutierungsphase viel mehr Zeit und Sorgfalt investiert werden, als es heute üblich ist. Viel zu oft wird noch nach persönlichen Erfahrungen, persönlichen Einschätzungen und traditionellen Prüfkriterien vorgegangen.**

Diese Kriterien versagen jedoch, was dazu führt, dass Unternehmen und Mitarbeiter ständig Kompromisse eingehen. Entweder werden dann die Mitarbeiter zurechtgebogen, bis es passt, oder das Unternehmen und die Kollegen müssen sich verbiegen, um sich an den neuen Mitarbeiter anzupassen – teilweise mit schlimmen Folgen.

Manche Menschen besitzen die Fähigkeit, sehr schnell erkennen zu können, was sie tun müssen, um andere im positiven Sinne zu spiegeln. Durch verbales wie auch nonverbales Spiegeln lässt sich leicht zum Gesprächspartner eine gleiche Wellenlänge herstellen, ein Rapport aufbauen. Nonverbal kann man zum Beispiel die gleiche Körperhaltung oder -position einnehmen wie sein Gegenüber.

Marc Müller war auch auf der verbalen Ebene von seiner Stellvertreterin getäuscht worden. So hatte sie schnell herausgefunden, dass Müller ein auditiver Typ war. Im NLP unterscheidet man zwischen visuellen, auditiven, kinästhetischen und olfaktorischen Typen, die sich in der Art ihrer Wahrnehmung wie auch in ihrer Sprache unterscheiden:

- *Visuelle Typen* nehmen ihre Umwelt überwiegend mit den Augen wahr und verwenden Begriffe wie »sehen, klar, leuchten, transparent, Durchblick« usw.

- *Auditive Typen* reagieren vor allem auf das, was sie hören, und verwenden Wörter und Ausdrücke wie »hören, laut, leise, das hört sich gut an, der letzte Schrei« usw.

- Bei *kinästhetischen Typen* steht das Fühlen im Vordergrund, verbunden mit Begriffen und Ausdrücken wie »warm, kalt, rau, glatt, passt, kalte Füße bekommen, wie ein Klotz am Bein« usw.

- *Olfaktorische Typen* nehmen ihre Umgebung vorwiegend über den Geruch wahr und benutzen Wendungen wie »bitter, scharf, genießen, es stinkt mir, er hat den richtigen Riecher« usw.

Müllers Stellvertreterin hatte ihrem Chef »zu Gehör« gebracht, was er wissen wollte. Ihr war klar, dass ihm mündliche Antworten auf seine Fragen genügen würden und dass er, solange er keinen Verdacht schöpfte, nicht ohne Weiteres Unterlagen würde »sehen« wollen, da er kein visueller Typ war. So wusste sie ihn clever zu nehmen, indem sie einfach alle »sichtbaren« Beweise ihres Tuns verschwinden ließ. Auf diese Weise konnte sie sich als Täuscher und Tarnkappenbomber im Unternehmen häuslich einrichten und ihren eigenen Interessen fast ungestört nachgehen.

Die subjektive Suche nach Menschen, die uns ähnlich sind, kann insbesondere bei der Einstellung neuer Mitarbeiter zu verheerenden Folgen führen, wenn es sich um Leute handelt, die geschickt die Schwächen ihres Gegenübers auszutricksen vermögen. Gerade darum ist es wichtig, *objektive* Methoden bei der Rekrutierung einzusetzen, wie zum Beispiel das im zweiten Kapitel vorgestellte Persönlichkeitsinstrument. Auf diese Weise besteht zumindest ein gewisser Schutz davor, auf üble Täuscher, die sich als »Spiegel« tarnen, hereinzufallen, auch wenn sich natürlich »böse Absichten« nicht aus einer Persönlichkeitsanalyse ablesen lassen.

Einfluss des Betriebsklimas und des Einsatzes der individuellen Stärken

Untersuchungen haben ergeben, dass unfaire Mobbingattacken keineswegs immer aus böser Absicht entstehen, sondern vielfach deshalb, weil sich Menschen nicht anders zu helfen wissen. Viele fühlen sich zum Beispiel überfordert in ihrem Job und wissen nicht, wie sie dem Aufgabendruck standhalten sollen, ohne ihren Arbeitsplatz zu verlieren.

> **!** **Daran zeigt sich erneut, wie wichtig es ist, im Unternehmen ein Arbeitsklima der Offenheit und des Vertrauens – wie in einer Familie – zu schaffen, denn dann können Betroffene über ihre Probleme reden, ohne Bestrafungen befürchten oder sich in Mobbing flüchten zu müssen.**

Überforderung und auch Unterforderung entstehen dann, wenn jemand nicht am richtigen Platz im Unternehmen eingesetzt wird. Angesichts der verschärften globalen Marktsituation ist es heute in vielen Unternehmen »Mode« geworden, mit maximalem Druck möglichst viel aus den Mitarbeitern herauszuholen. Das führt zum *Burn-*

out und untergräbt jede Motivation. Wenn jemand ständig über seine Leistungsgrenzen hinausgehen muss, ist er frustriert und macht sich schlimmstenfalls durch Mobbing Luft.

Bekannt ist das Peter-Prinzip: Mitarbeiter werden so oft befördert, bis sie die Stufe der Inkompetenz erreicht haben. Auf dieser Stufe sind sie dann mit ihren Aufgaben hoffnungslos überfordert. Leider jedoch gibt es in den meisten Unternehmen keine Möglichkeit, in die frühere Position zurückzukehren, ohne sein Gesicht zu verlieren. Karriereleitern sind oft Einbahnstraßen, die keine Verzweigungen nach rechts oder links kennen. Dieses System hat gewaltige Mängel. In Zukunft werden sich Unternehmen von den herkömmlichen Laufbahnmustern wie auch von den üblichen Gehaltsstrukturen verabschieden und Hierarchien zugunsten einer mehr projektorientierten Zusammenarbeit abbauen müssen. Auch das beugt indirekt dem Mobbing vor.

> **!** **Unter dem Gesichtspunkt, den richtigen Mitarbeiter am richtigen Platz einzusetzen, können wir Jobrotation nicht befürworten.**

So interessant es sein mag, einmal in die Arbeitsbereiche der Kollegen hineinzuschnuppern, so ist das doch keine dauerhafte Lösung im Hinblick auf den gezielten Einsatz der Stärken. Im Grunde gleicht Jobrotation der Vorstellung eines Theaters mit Laiendarstellern, die die Rolle nicht gelernt haben, die sie spielen sollen. Hier dürften sich Unter- und Überforderung in verschiedenen Positionen ständig abwechseln, ohne dass der Einzelne Gelegenheit hat, seine Stärken einzubringen und gezielt auszubauen. Unternehmen, in denen intensiv nach dem Prinzip der Jobrotation gearbeitet wurde, hatten nachher häufig mit einem heillosen internen Durcheinander zu kämpfen, das auch zu massiven Irritationen bei den Kunden führte. Menschen sind eben nicht untereinander austauschbar.

ZUSAMMENFASSUNG

- Mobbing ist ein weit verbreitetes Phänomen in deutschen Unternehmen, das in Deutschland jährlich 1,5 Millionen Menschen betrifft und zweistellige Milliardenschäden anrichtet. Bisher gibt es noch kaum Methoden, systematisch dagegen vorzugehen. Es wird überwiegend an den Symptomen herumkuriert, wenn das Kind bereits in den Brunnen gefallen, also der Schaden schon entstanden ist.

- Besser ist es jedoch, dem Mobbing durch geeignete Strukturen und Verfahren in den Unternehmen vorzubeugen:

  - Bereits bei der *Rekrutierung* neuer Mitarbeiter sollten objektive Verfahren zur Persönlichkeitsanalyse eingesetzt werden, die es verhindern, auf Täuscher, Trickser und Tarnkappenbomber hereinzufallen, die sich im Vorstellungsgespräch geschickt verstellen und ihr wahres Ich hinter einer Maske verbergen können.

  - Eine *Kultur* der Offenheit und des Vertrauens, das Unternehmen als soziales Spielfeld und Familie, ein partnerschaftlicher Umgang miteinander – all dies trägt dazu bei, dass Mitarbeiter über ihre Probleme reden können, ohne sich aus Angst vor Entlassung oder Unfähigkeit in Mobbingaktionen flüchten zu müssen.

  - Da Über- und Unterforderung von Mitarbeitern wesentlich zum Mobbing beitragen kann, ist es wichtig, Mitarbeiter gezielt nach ihren *Stärken* im Unternehmen an die richtige Stelle zu setzen, an der sie sich produktiv einbringen und ausleben können. *Flow* macht mehr Spaß als Mobbing!

KAPITEL 7

Prinzipien der Unternehmens- und Mitarbeiterführung

»Der dumme, loyale, demütige, uninformierte Kunde, Mitarbeiter, Patient etc. ist gestorben.«

KARL PILSL, WIRTSCHAFTSJOURNALIST, UNTERNEHMER UND MARKTFORSCHER

Die Prinzipien im Überblick

In diesem Kapitel stellen wir vier wichtige Prinzipien der Unternehmens- und Mitarbeiterführung vor. Sie dienen als Leitlinie, um die richtigen Mitarbeiter an die richtige Stelle zu setzen und somit das Unternehmen effektiv zu führen. Wir stellen sie ganz bewusst nicht ans Ende des Buches, weil es sich um allgemeingültige Prinzipien handelt und wir uns in den Kapiteln 8 bis 10 mit der neuen Rolle des Mitarbeiters beschäftigen, die sich durch jüngere Entwicklungen ergibt.

Die vier Prinzipien lauten:

1. Arbeiten Sie nicht *in* der Firma, sondern *an* der Firma.
2. Erst der Mensch, dann die Strategie.
3. Es gibt keine falschen Mitarbeiter, sondern nur falsche Jobs.
4. Keiner gewinnt allein.

An der Firma statt in der Firma arbeiten

Viele Unternehmer machen den Fehler, immer nur *in* ihrer Firma zu arbeiten. Das heißt, ihr Fokus liegt ausschließlich auf ihrem spezifischen Tätigkeitsfeld. An der Firma zu arbeiten bedeutet demgegenüber, das Unternehmen von einer übergeordneten Perspektive aus zu betrachten, ein offenes Bewusstsein zu entwickeln und proaktiv zu handeln.

Wer *in* seinem Unternehmen arbeitet, bemüht sich nicht um Systematisierung. Jeder Mitarbeiter kann dann nach seinen Vorstellungen das tun, was er aufgrund seiner Erfahrungen für das Beste hält. Denn es fehlt an schriftlichen Aufzeichnungen über die richtigen Schritte bestimmter Arbeitsabläufe. So löst jeder Mitarbeiter nach seinen individuellen Vorstellungen seine Aufgaben. Verlässt jedoch jemand das Unternehmen, so fängt man wieder von vorne an.

Beispiel für einen Unternehmenschef, der in der Firma anstatt an der Firma arbeitete, ist das im vorigen Kapitel beschriebene Mobbingopfer Marc Müller. Er hatte weder den Ablauf des Rekrutierungsprozesses noch die genauen Aufgaben der Stellvertreterin, die er einstellte, zuvor festgelegt. So konnte sich diese als Tarnkappenbomber im Unternehmen ungestört einnisten und das tun, was sie – zum Schaden der Kollegen und des Unternehmens – gerade für richtig hielt.

Als ihr gekündigt worden war, stand Marc Müller zunächst unbeholfen vor vielen Geschäftsvorgängen: Er wusste nicht, was auf dem Gebiet seiner Stellvertreterin gelaufen war – weil er sich nur mit *seinem* Tätigkeitsgebiet beschäftigt hatte –, musste sich in viele Abläufe erst ganz neu hineindenken und konnte zudem etliche Vorgänge gar nicht mehr finden. Denn auch für die Ablage gab es kein verbindliches System, sodass die Stellvertreterin problemlos sowohl schriftliche Unterlagen als auch Daten auf dem Server verstecken oder sogar verschwinden lassen konnte.

Marc Müller hatte sich darauf verlassen, dass seine Mitarbeiter – genau wie er selbst – ihr jeweiliges Tätigkeitsgebiet zuverlässig bearbeiteten. Als Unternehmenschef hätte er jedoch darauf achten müssen, dass bestimmte Abläufe wie auch das Ablagesystem in verbindlicher Weise von allen bearbeitet werden, sodass nach Ausscheiden eines Mitarbeiters keine Lücke und kein Wissensdefizit entstehen konnte. Stattdessen hätte sich der Nächste einfach problemlos in das gegebene System einfügen und es fortführen können.

Eine Systematisierung der Abläufe und Prozesse verhindert eine Abhängigkeit von einzelnen Menschen und deren individuellem Arbeitsstil. Auch wenn die Bedeutung der Mitarbeiter in den Unternehmen wächst, darf es dennoch nicht so weit kommen, dass Firmen aufgrund der Handlungsweisen Einzelner in eine Existenzkrise geraten. Die schriftliche Dokumentation hilft, dass die Prozesse an jedem einzelnen Arbeitsplatz auch für alle anderen Mitarbeiter nachvollziehbar sind. Die erste Stufe besteht darin, dass jeder Mitarbeiter seine Aufgaben, die er täglich durchführt, schriftlich dokumentiert und dabei alle einzelnen Schritte festhält.

Als Unternehmenschef besteht Ihre Aufgabe darin, alle Prozesse in Ihrem Unternehmen zu erfassen, Abläufe zu definieren und sie so zu systematisieren, dass sie in ein Handbuch passen. Dabei ist das Prinzip der Schriftlichkeit entscheidend. Denn nur was schriftlich fixiert ist, wird nicht vergessen und ist letzten Endes nachvollziehbar.

Alles im Unternehmen verfügbare Wissen sollte in Form von computergestützten Systemen gespeichert werden. So hat jeder Mitarbeiter zu jedem Zeitpunkt Zugriff auf die Daten. Ist das Wissen systematisiert, kann es von anderen multipliziert werden. Dies ist keine Frage der Unternehmensgröße, denn auch kleine Unternehmen können in die Abhängigkeit Einzelner geraten.

Erst der Mensch, dann die Strategie

Die meisten Fehler bei Mitarbeitern werden bereits zum Zeitpunkt der Einstellung begangen. Ein Unternehmen muss den Rekrutierungsprozess so systematisieren, dass die Persönlichkeitsmerkmale des Einzelnen detailliert analysiert werden können, um festzustellen, ob die Person zum Unternehmen und zu der vakanten Position passt.

In den USA ist es mittlerweile üblich, bei der Einstellung das Persönlichkeitsprofil zu analysieren, in Deutschland kommt dies noch nicht so häufig vor. Viel zu sehr wird immer noch nach persönlicher Einschätzung und Zeugnissen der Bewerber geurteilt. Das reicht aber nicht aus, weil jede Führungskraft die natürliche Neigung hat, Mitarbeiter einzustellen, die ihr ähnlich sind. Gebraucht wird aber häufig gerade jemand, der nicht ähnlich, sondern komplementär, also ergänzend, ein Team unterstützt.

Fehlbesetzungen können bereits zum Zeitpunkt der Einstellung vermieden werden, wenn man mit objektiven Verfahren arbeitet, um das Persönlichkeitsprofil der Bewerber zu ermitteln.

Es gibt keine falschen Mitarbeiter, sondern nur falsche Jobs: Die richtigen Mitarbeiter finden

Jeder Mensch hat Ressourcen und damit Fähigkeiten, in denen er einmalig ist. Die Kunst besteht darin, die Menschen dort einzusetzen, wo sie sich am besten entfalten können.

Die Krux ist, dass viele Menschen sich ihrer Ressourcen selbst nicht bewusst sind, weil sie von ihren Eltern und ihrer Umgebung häufig in Berufsausbildungen hineingedrängt werden, die ihnen nicht liegen und wo sie sich folglich unwohl fühlen. Hinzu kommen die »normierten« Ausbildungsvorschriften und -prüfungen für alle Berufe, die es verhindern, individuelle Stärken in besonderen Gebieten zu erkennen und zu entwickeln.

Im Einstellungsgespräch werden dann viele ihre Rolle spielen – häufig sogar sehr überzeugend –, auch wenn sie ahnen, dass sie für die Aufgabe nicht geeignet sind. Ist jemand erst einmal eingestellt, so gibt man ihm eine Chance, und in vielen Unternehmen arrangieren sich Kollegen und Führungskräfte im Laufe der Zeit mit einem Mitarbeiter, von dem alle im Grunde wissen, dass er nicht optimal zu der Stelle passt.

Nur leider beeinträchtigt ein solches »Arrangement« die Leistungsfähigkeit ganzer Teams wie auch die Produktivität und Profitabilität ganzer Unternehmen, und zwar, wie die Untersuchungen in Kapitel 2 gezeigt haben, in dreistelliger Milliardenhöhe jährlich. Zudem ist der betreffende Mitarbeiter nicht glücklich an seinem Arbeitsplatz – mit allen negativen Folgen, die das nach sich ziehen kann: fehlende Zufriedenheit, fehlender *Flow* bei der Tätigkeit, Krankheit und Fehlzeiten, dauernde Über- oder Unterforderung, *Burn-out,* Mobbingattacken gegen Kollegen usw.

All dies entzieht dem Unternehmen Energien (Zeit, Kapital, Arbeitskraft), die dann an anderer Stelle – insbesondere natürlich in der Konzentration auf Kunden und Aufträge – fehlen. Es gibt heutzutage viele Unternehmen, bei denen man als Außenstehender das Gefühl hat, dass sie nur noch um ihre eigene Achse kreisen und sie so sehr mit sich selbst beschäftigt sind, dass keine Energie mehr für die eigentlichen Aufgaben bei den Kunden vorhanden ist: *Das Einzige, was stört, ist der Kunde.*

! **Es gibt keine falschen Mitarbeiter, sondern nur falsche Jobs. Legen Sie daher von Anfang an Wert darauf, die richtigen Mitarbeiter mit ihren individuellen Kompetenzen zu analysieren und sie dann dort einzusetzen, wo sie am besten geeignet sind.**

Persönlichkeitsanalysen lassen sich auch für eine bereits eingestellte Belegschaft durchführen. Auch dann noch ist es möglich, Korrekturen vorzunehmen, wenn Einzelne nicht den optimalen Platz einnehmen.

Keiner gewinnt allein

Das vierte Prinzip stellt den Teamgedanken in den Vordergrund. Es geht nicht nur um den Einzelnen, sondern immer auch um das Team, in dem er arbeiten soll. Von daher ist es wichtig und sinnvoll, die Persönlichkeitsprofile der einzelnen Teammitglieder genau zu analysieren, bevor man entscheidet, wer zu einem Team hinzukommen soll.

In einem optimalen Team sind Menschen mit roten, gelben, grünen und blauen Persönlichkeitsprofilen gleichermaßen vertreten. Das rote Profil steht für Dominanz und Führungsanspruch, das gelbe für Initiative und Flexibilität, das grüne für Sozialkompetenz und das blaue für Organisationstalent.

! Stellen Sie ein Team so zusammen, dass alle vier wesentlichen Persönlichkeitsprofile vertreten sind, denn nur dann, wenn alle Typen zusammenkommen, sind die bestmöglichen Ergebnisse realisierbar.

ZUSAMMENFASSUNG

- Die Grundlagen erfolgreicher Führungsarbeit lassen sich in vier Prinzipien zusammenfassen:
  - An der Firma arbeiten statt in der Firma.
  - Erst der Mensch, dann die Strategie.
  - Die richtigen Mitarbeiter finden.
  - Keiner gewinnt allein.

- Die wichtigste Aufgabe des Managers besteht darin, dem Mitarbeiter zu helfen, dass er selbst erfolgreicher werden kann. Einer der erfolgreichsten Unternehmer Deutschlands hat es folgendermaßen beschrieben: »Wenn ich es auf den Punkt bringe, dann sage ich: Je erfolgreicher meine Mitarbeiter und Partner sind, umso erfolgreicher bin ich selbst.«

KAPITEL 8

Die neue Macht der Mitarbeiter

»Der einzige Weg, großartige Arbeit zu leisten, ist zu lieben, was du tust.«

STEVE JOBS

Die Baby Boomer und die Generationen X, Y und Z

In Zeiten der »Vollbeschäftigung« haben es Unternehmen alles andere als leicht: Auf der einen Seite herrscht in vielen Schlüsselbranchen Fachkräftemangel, der künftig – da sind sich Arbeitsmarktexperten und Bevölkerungsstatistiker einig – noch deutlich zunehmen wird. Headhunter haben in solchen Zeiten Hochkonjunktur: Mit 20 bis 30 Prozent eines Jahresgehalts lassen sie sich ihre Vermittlungsdienste fürstlich entlohnen, aber wer hier angesichts solcher Zahlen empört aufschreit, hat das Marktgesetz von Angebot und Nachfrage nicht verstanden. Darauf sind wir in den vorhergehenden Kapiteln bereits eingegangen.

Auf der anderen Seite tritt die Generation Y immer deutlicher in Erscheinung, denn sie stellt schon bald nicht nur die Mehrheit der Mitarbeiter, sondern wächst auch langsam, aber sicher in Führungspositionen hinein – und das längst nicht mehr nur im Start-up-Bereich. Daran ist an sich nichts auszusetzen, denn neue Generationen haben schon immer irgendwann die Ruder in den Unternehmen dieser Welt übernommen und für frischen Wind gesorgt. Es sind die Rahmenbedingungen, die diese Entwicklung zu etwas Einmaligem in der Wirtschaftsgeschichte machen. Grund genug, einen intensiven Blick auf die Mosaiksteinchen zu werfen, die die Businesswelt, wie wir sie kennen, immer weiter aus den Angeln heben werden.

Lassen Sie uns vorab klären, mit welchen Begrifflichkeiten wir arbeiten. Es lassen sich in der heutigen Arbeitswelt die folgenden Gruppen differenzieren:

- die Traditionalisten, die vor 1947 geboren worden sind,
- die Baby Boomer, die das Licht der Welt zwischen 1947 und 1964 erblickt haben,
- die Generation X, zu der die zwischen 1965 und 1980 Geborenen gehören,
- die Generation Y bzw. die knapp 30-jährigen Millennials sowie
- die Generation Z, zu der die Menschen gehören, die nach 1995 geboren worden sind.

Veränderte Arbeitswelt(en)

Die Vertreter der Jahrgänge 1965 bis 1980, also die Generation X, müssen zurzeit an zwei Fronten gleichzeitig kämpfen: Auf der einen Seite müssen sie sich in den Unternehmen mit den selbstbewussten Nachfolgern zusammenraufen, die eine völlig andere Arbeitsauffassung haben. Auf der anderen Seite stehen sie vor der Herausforderung, sich mit einer neuen Firmenpolitik zu arrangieren: Immer mehr Unternehmen sichern sich frühzeitig die Dienste der jungen Konkurrenz – mit der Folge, dass viele »Ältere« mit 50 oder gar bereits mit 45 Jahren trotz beeindruckender Qualifikationen und jahrzehntelanger Erfahrung gar nicht mehr berücksichtigt werden.

Es wirkt auf den ersten Blick paradox und kontraproduktiv, angesichts dieser Entwicklung die Lebensarbeitszeit auf 67 oder gar 70 Jahre anzuheben. Doch wer Rente in Anspruch nehmen möchte, muss bei der Kalkulation auch seine voraussichtliche Lebenserwartung berücksichtigen. Die Mathematik der Politik reagiert schließlich nur auf das Offensichtliche. Die logische Schlussfolgerung für die Unternehmen:

> **!** **Wer keine Fachkräfte mehr findet, muss die alte Generation entweder irgendwann reaktivieren oder diese künftig von vornherein längerfristig binden.**

Der Kampf um Arbeitsplätze und Meinungen geht weiter: Wenn im Jahr 2020 die Generation Z die Bühne betritt und in der Folge erstmals in der Geschichte fünf Generationen in den Unternehmen aufeinandertreffen, kollidieren nicht nur die Interessen der 18-Jährigen mit denen der 70-Jährigen. Völlig unterschiedliche Lebenseinstellungen und Arbeitsauffassungen werden sich aneinander reiben und dafür wertvolle Arbeitszeit in Anspruch nehmen. Zeit, die viel Geld kostet, aber am Ende sinnlos im Nirgendwo verpufft. Für die Unternehmen ergibt sich eine Vielzahl an neuen Problemen, die praktikable Lösungen erfordern. Doch auch solche Lösungen gibt es nicht zum Nulltarif.

Alle wissen seit Jahren um die Brisanz dieses Themas, doch welches Unternehmen hat sich schon wirklich darauf vorbereitet?

Der neue Stellenwert der Freizeit und des Privatlebens

In den letzten 15 Jahren hat sich zudem weit mehr geändert als in den 50 Jahren zuvor. Doch was genau unterscheidet die Generation Y von der Generation X und deren Vorgängern, den »Baby Boomern«? Ging es den Menschen seit Jahrtausenden – und auch noch der Generation X – in erster Linie darum, den Familienunterhalt zu sichern, verfolgen die Millennials der Generation Y andere Ziele: Sie möchten in erster Linie eine Arbeit haben, die Spaß macht und sinnstiftend ist sowie persönliche Erfüllung bietet – das Steve-Jobs-Zitat, mit dem wir dieses Kapitel eingeleitet haben, lässt grüßen.

Für die Y-Generation spielt die Frage, ob die Wochenarbeitszeit 35, 40 oder 50 Stunden beträgt, nicht mehr die Hauptrolle. Und die Höhe des Einstiegsgehalts ist auch nicht mehr das Maß aller Dinge, denn zwei wichtige Eckpfeiler des modernen Lebens – Technik und Reisen – sind längst nicht mehr so teuer wie in früheren Zeiten. Gewerkschaften verlieren auf einen Schlag zwei Hauptargumente ihrer Existenzberechtigung: zumutbare Arbeitszeit und möglichst hohe Entlohnung aushandeln. Der entscheidende Grund: Die Millennials möchten für sich selbst sprechen.

> **!** **Doch jede Münze hat bekanntlich zwei Seiten: Im Gegenzug fordern die jungen Leute bereits für die bloße Teilnahme am System Beförderungen, Gehaltserhöhungen und Gratifikationen – und das häufig unabhängig von der persönlich erbrachten Leistung.**

Individualität gilt eben nur dort, wo sie Vorteile verschafft. Doch damit nicht genug: Waren früher Arbeits- und Privatleben strikt voneinander getrennt, fordert die Y-Generation eine entspannende

Vermischung beider Welten. Schließlich beweisen die Helden ihrer Generation – Google, Apple und Co. –, dass dieses System erfolgreich funktionieren kann.

Die Denkweise der Millennials: Ist die Karriere irgendwann in trockenen Tüchern, kann man sich Gedanken über die Familienplanung machen. Ansonsten bietet das Leben heutzutage ja auch ohne Kinder Spannung, Spaß und Lebensfreude. Es sei denn, das Unternehmen bietet Betreuungsangebote und unterstützt mit familienfreundlichen Arbeitszeitmodellen. Unter optimalen Bedingungen ist man dann sogar bereit, über Nachwuchs nachzudenken.

Arbeit soll nun mal ein Leben lang Spaß machen, und der Spaß im Leben darf nicht erst nach Feierabend beginnen. Wer dauerhaft Spaß haben möchte, muss alles Bremsende hinter sich lassen. Tabubrüche gehören deshalb zum Leben der Ypsiloner dazu, weshalb die berufliche Auszeit für frischgebackene Papas – Stichwort »Väterzeit« – für sie ebenso selbstverständlich ist wie gleichgeschlechtliche Ehen. Dass dann wenig Zeit bleibt, sein Interesse auch noch der Politik zu widmen, ist verständlich. Doch auch dafür liegt eine praktikable Lösung parat: Politischen Situationen und Veränderungen passt man sich einfach an.

Nachlassende Mitarbeiterbindung

Trendforscher sagen voraus, dass jeder, der heute ins Berufsleben einsteigt, in seinem Leben durchschnittlich sechsmal den Job wechseln wird. Schlechte Nachrichten für die Hersteller goldener Uhren.

Wirft man einen Blick auf die Eigenschaften, die die Generation Y in die Waagschale der Zusammenarbeit wirft, stellt man irritiert fest, dass eine der wichtigsten fehlt: Loyalität. Damit muss die Gesellschaft leben, ganz gleich, ob man dieses Verhalten Unentschlossenheit, Unbekümmertheit oder Fortschritt nennt. Einige gehen einen provokanten Schritt weiter und nennen es sogar Narzissmus – und verweisen zur Begründung auf die unzähligen Selfies, die auf jedem Smartphone der jungen Generation gespeichert sind. Dies ist dem Umstand geschuldet, dass die Millennials mit der digitalen Revolution aufgewachsen sind. Alles, was wir heute noch bestaunen, ist für sie ein selbstverständlicher Teil der Welt, denn aus ihrem Blickwinkel war es ja eigentlich schon immer da.

Während unsere Generation – die Generation der Autorin und des Autors – viel Zeit investiert hat, Kataloge zu wälzen, um das Beste fürs liebe Geld zu finden, hat die Generation Y ihre Zeit damit verbracht, Internetportale zu programmieren, die es ihr ermöglichten, den günstigsten Preis in Sekunden – im wahrsten Sinne des Wortes auf Knopfdruck – zu finden.

Einkauf und Konsum funktionieren heute völlig anders als noch vor zehn oder gar 20 Jahren. So mancher kann zwischen Realität und Internet gar nicht mehr unterscheiden, und so ist es nicht verwunderlich, dass für viele digitale Produkte und Leistungen, die in Datenform über das Internet transportiert werden, keine Zahlungsbereitschaft mehr besteht. Das Internet hat auch seine Schattenseiten, die allerdings nicht nur von den Usern generiert werden.

Der Wertewandel und seine Auswirkungen auf die Arbeitswelt

All das wirkt sich auch auf Lebenseinstellung und Arbeitsverhalten aus.

> **!** **Es findet nicht nur der digitale Wandel, sondern parallel dazu auch ein Wertewandel statt.**

Eine aktuelle Studie (2016) des Beratungsunternehmens *Deloitte* zum Thema Millennials zeigt, wohin die Reise geht: Zwei Drittel planen, bis 2020 den Job zu wechseln – 13 Prozent sogar bereits in den nächsten sechs Monaten. Ausschlaggebend für die Wechselbereitschaft sind in erster Linie mangelnde Aufstiegschancen. Millennials möchten einen anerkannten Beitrag leisten, aber zur Umsatzsteigerung und zum Erfolg des Unternehmens nur dann nach Kräften beitragen, wenn die Unternehmensziele sich zumindest teilweise mit der Verbesserung der Welt beschäftigen. Die Werte des Unternehmens müssen sich in erster Linie mit den eigenen decken, wenn eine Zusammenarbeit sinnvoll sein soll. Und eine gute Work-Life-Balance ist den jungen Mitarbeitern sogar fast dreimal so wichtig wie die Qualität der Produkte, die das Unternehmen herstellt.

Das Ausmaß des Dilemmas zeigt der folgende Dialog, der sich im Internet findet, ohne dass die Quelle bekannt wäre:

CFO ASKS CEO: »What happens if we invest in developing our people, and then they leave us?«
CEO: »What happens if we don't, and they stay?«

Mittlerweile stellt sich tatsächlich die Frage: Warum Unsummen in Recruiting und Ausbildung investieren, wenn die Fluktuation die befürchteten Ausmaße annimmt? Unternehmen müssen sich dieser Entwicklung anpassen und neue Prozesse entwickeln, die den Wertewandel berücksichtigen und seinen Folgen entgegenwirken.

Der Wertewandel durchdringt alle Lebensbereiche. Und so stellt sich den Millennials die Frage: Warum das Leben planen, wenn sie in dieser Zeit lieber den Moment genießen können? Das »Y« steht angeblich für »Why« und soll die Selbstverständlichkeit, die Dinge zu hinterfragen, zum Ausdruck bringen. Doch wer heutzutage viel fragt, ist oftmals auch ein Suchender – nach dem Optimum für sich selbst. Und wer glaubt, dass das Optimum auf der anderen Seite der Welt zu finden ist, dem steht bereits heute, wo Grenzen fallen und Wege sich verkürzen, auch dieser Weg offen: erst einmal die Welt entdecken, zumal Lücken im Lebenslauf heutzutage fast schon zum guten Ton gehören.

Auf dem Weg nach vorn ein Blick zurück

Wie sah es aus, das alte Bild vom Leben? Auf Kindheit folgten Ausbildung, Beruf, Familiengründung und am Ende das wohlverdiente Altenteil. Diese strenge Hierarchie, dieser Rhythmus des Lebens, funktioniert künftig nicht mehr, denn lernen, leben und lieben, so die Erkenntnis, können wir in jedem Alter. An dieser Einstellung ist nichts auszusetzen, wenn wir bereit sind, auch mit den Konsequenzen zu leben, die sich vielleicht erst mit 73 zeigen. Wer zu intensiv im Hier und Jetzt lebt, hat wenig Zeit und Interesse, an morgen zu denken.

Hat die junge Generation konkrete Vorstellungen von der beruflichen Zukunft? Wer vor fünf Jahren die an Hochschulen durchgeführten Umfragen studiert hat, wurde von den Ergebnissen alles andere als überrascht: Der Großteil der Befragten strebte eine Karriere im Technologiebereich an, wobei den großen Automobilkonzernen die meisten Sympathien entgegengebracht wurden. Diese Einstellung hat sich mittlerweile geändert: Jeder Dritte möchte heute Beamter werden. Sicherheit wird dem Abenteuer wieder vorgezogen. Warum ist das so? Nun, mittlerweile steht die Generation Z, die zweite Generation der Digital Natives, in den Startlöchern. Und die hat früh verstanden, dass man zwar ziemlich leicht sich selbst, aber nur schwer die Welt verändern kann – auch wenn Medien und Werbestrategen das Gegenteil behaupten. Und auch die persönlichen Ziele sind neu:

> **!** **Die Generation Z strebt in erster Linie nicht nach materiellen Dingen, sondern nach Anerkennung in ihren Netzwerken.**

So richtig spannend werden die vorgenannten Umfrageergebnisse allerdings erst, wenn wir die Resultate einer anderen Studie parallel dazu betrachten: Eine Umfrage der *US Public Interest Research Group* (2014) ergab überraschenderweise, dass aus Sicht der Generation Y unter den 30 Marken mit dem größten Coolnessfaktor kein einziger Automobilhersteller gelistet ist. Autos bauen wollen, aber selbst keins kaufen: Diese Einstellung gibt Rätsel auf, und eine ganze Menge weiterer Rätsel müssen auch die Unternehmen erst noch lösen, wollen sie die jungen Generationen optimal in die bestehenden Arbeitskreisläufe und -prozesse integrieren. Dabei war es doch schon schwierig genug, Menschen mit unterschiedlichen Arbeitseinstellungen und Charakteren in einem Team zusammenzuschweißen. Doch wie bringt man Menschen unterschiedlicher Arbeitseinstellung *und* unterschiedlicher Lebensauffassung zusammen? Konfliktpotenzial gibt es diesbezüglich schon in einer dreiköpfigen Familie. Was kommt da erst auf Unternehmen mit 100 000 Mitarbeitern zu, in denen jeder Mitarbeiter andere persönliche Ansprüche hat und andere Ziele verfolgt und in denen jeder seine Individualität ausleben und respektiert sehen möchte?

Nehmen wir nur die heißgeliebten Statussymbole Auto und Eigenheim, deren Symbolträchtigkeit die Älteren sich über viele Jahrzehnte quasi mühselig erarbeitet haben. Das einzige Statussymbol der neuen Generation jedoch ist das Smartphone – Eigenheim und Auto sind heute kaum noch erstrebenswert. Die junge Generation zieht es in die Großstadt, wo das Leben brodelt und das Fahrrad reicht. Mobilität ist dort etwas, das man mit dem Smartphone ruft, und Miete zahlen ist gleichbedeutend mit einem Plus an Bewegungsfreiheit und einem Minus an (Kredit-)Bindung und Abhängigkeit. Denn wer weiß: Vielleicht ist ja nächstes Jahr ein anderes Viertel angesagter, hipper, bunter. Dann ist man frei in seiner Entscheidung, zu bleiben oder zu gehen. Auch das ist eine Form von Mobilität.

Dieselbe Einstellung gilt am Arbeitsplatz, denn Konsequenz ist Trumpf: Firmenwagen sind nicht mehr erstrebenswert, und auch das Gehalt hat als Statussymbol mehr oder weniger ausgedient. Dieser Trend hat sich seit Längerem angedeutet, jetzt schlägt er voll durch. Für die Unternehmen ist das kein Grund zur Freude, denn Auto und Gehalt werden lediglich durch andere Ansprüche und Forderungen ersetzt: Arbeitsatmosphäre der besonderen Art, flexible Arbeitszeiten (gern ganz nah an der Selbstbestimmung), frühes Übertragen von Verantwortung, regelmäßige Weiterbildung als Zeichen des Vertrauens und der Wertschätzung, uneingeschränkte und somit auch private Nutzung sämtlicher Kommunikationsgeräte und -plattformen, Kommunikation mit Vorgesetzten auf Augenhöhe.

Die Liste der Begehrlichkeiten wird immer länger. Vorgesetzte sind längst nicht mehr reine Befehlshaber, sondern müssen mittlerweile andere Aufgaben erfüllen:

> **!** **Die Führungskräfte sind heute Mentor und Coach und haben die Ehre, dem Mitarbeiter auch den Sinn einer Arbeit zu vermitteln, statt von ihm lediglich die Erledigung der Aufgabe einzufordern.**

Die jungen Generationen leben am Arbeitsplatz das aus, was das Leben und moderne Erziehungsmethoden ihnen beigebracht haben. Belohnung setzt längst keine besondere Leistung mehr voraus, denn genau das hat man den Mitgliedern der jungen Generationen schon als Kind vermittelt. Und weil Amazon ihnen seit Jahren vorschlägt, welcher Film oder welches Buch ihnen als Nächstes gefallen müsste, möchten sie diese individuelle Behandlung, die auf ihre persönlichen Bedürfnisse und Interessen zugeschnitten ist, auch am Arbeitsplatz erfahren. Dass das unmöglich ist, weil Tausende andere das ebenfalls fordern, kommt ihnen allerdings nicht in den Sinn.

Das Problem lässt sich folgendermaßen auf den Punkt bringen: Jeder Einzelne hält sich für das Zentrum des Universums, weshalb die Millennials im englischen Sprachraum auch treffend als »MeMeMe-Generation« bezeichnet werden. Wir müssen es hinnehmen: Am Arbeitsplatz sind die Zeiten von »One size fits all« passé. Individualität ist das Maß aller Dinge. Betrachten wir dazu die Deloitte-Zahlen für Deutschland: 60 Prozent möchten hier nicht in ihrem Job bleiben, auch wenn ihnen dieser blendend gefällt. Jobs sind lediglich einzelne Stufen auf dem Weg nach oben, und es muss nicht einmal mehr die Treppe des Erfolgs sein. Es reicht völlig aus, wenn es die Treppe zur Selbstverwirklichung ist.

Zum Schluss ein Blick nach vorn: Flexibilität als Schlüsselkompetenz

Am Ende passt alles zusammen: In einer Zeit, in der sich eine Generation entscheidet, ihr Leben in mehreren Jobs zu verbringen, sorgt der Fortschritt dafür, dass diese Entscheidung richtig ist, weil es gar keine Alternative geben wird. Denn der immer schneller werdende Wandel wird bewirken, dass gerade die Arbeitswelt immer mehr umgekrempelt wird. Der Wandel im Privatleben ist nur eine logische Reaktion darauf. Immer mehr Berufe werden überflüssig und am Ende aussterben. Welche Berufe wird es in 20 Jahren noch geben? Niemand kann das mit Gewissheit vorhersagen. Und auch nicht, welche Anforderungen in Zukunft an Berufe und Jobs gestellt werden.

> **!** **Die Eigenschaft, die man in Zukunft zum Überleben am meisten benötigt, heißt Flexibilität. Erfolg kann künftig nur derjenige haben, der sich in kürzester Zeit an die Veränderung anpasst oder sie bereits erkennt, bevor sie geschieht. Oder noch besser: wenn er die Veränderung selbst auslöst. Das gilt für den Einzelnen genauso wie für die Unternehmen.**

Wer heute mit einem mittelprächtigen Schulabschluss zur Jobberatung geht und fragt, welcher Job zukunftssicher ist, dem wird mit Hinweis auf die höhere Lebenserwartung geraten, im Pflegebereich zu arbeiten. Doch wissen wir heute, welche Leistungen dort in zehn oder 20 Jahren von Robotern übernommen werden? Wie digitale Technologie den Alltag älterer Menschen erleichtern wird? Welche Techniken welche Pflegeeinrichtungen überflüssig machen, weil diese Systeme auch im vertrauten Zuhause funktionieren? Wie sehr die Welt sich ändert, fällt uns erst dann auf, wenn Roboter sogar den Hund ersetzen, weil sie zu mehr (individuell programmierbarer) Kommunikation fähig sein werden und die Einsamkeit deutlich mehr mildern als der Mensch. Wie sehr Einsamkeit schmerzen kann, erkennt und erfährt man erst, wenn man der letzte Überlebende des eigenen Netzwerks ist.

> **!** **Ob wir es wollen oder nicht: Die Generation Y – und noch mehr die Generation Z – ist unsere Zukunft. Die Zukunft der Unternehmen, der Politik und des Planeten. Vertrauen wir darauf, dass Technologie ihr hilft, aus den Fehlern der alten Generationen zu lernen.**

In Generationen denken – oder lieber doch nicht?

Das Bundesministerium für Arbeit und Soziales hat im März 2016 eine Studie mit dem Titel »Wertewelten Arbeiten 4.0« veröffentlicht. Befragt wurden 1200 Personen. Dabei haben sich in Bezug auf das Arbeiten in Deutschland sieben sogenannte »Wertewelten« herauskristallisiert. Was denken die Deutschen über den digitalen Wandel? Wer sucht den Sinn des Lebens im beruflichen Erfolg, wer eher im Privatleben? Und was ist wichtiger: sorgenfrei von seiner Arbeit leben können oder ein Maximum an Flexibilität? Mit solchen Fragen versuchte man herauszufinden, wo der Schuh heute drückt, was man sich für die Zukunft wünscht und welche der früheren Weichenstellungen eher ins Leere führten.

Der Blick auf die Auswertung der Studie offenbart die vielen unterschiedlichen Einstellungen zum Thema »Arbeit«. Einige sehen sich deshalb dazu berufen, für die Abschaffung der Einteilung in Generationenschubladen zu plädieren. Das ist natürlich deutlich zu kurz gedacht, denn unterm Strich packt die Studie Menschen ebenfalls in Schubladen, die lediglich neue Etiketten tragen. Zudem offenbart die Umfrage keine wirklich neuen oder gar spektakulären Erkenntnisse. Schließlich gab es auch vor 100 Jahren auf der einen Seite Menschen, die Selbstverantwortung favorisierten, und auf der anderen Seite diejenigen, die das soziale Netz noch engmaschiger sehen wollten. Schon immer gab es Menschen, die den Fokus auf die Karriere setzen und solche, die sich von ihrer Angst vor der Zukunft geradezu lähmen lassen. Am Ende ist auch diese Studie genau das, was sie sein soll: eine Momentaufnahme.

! In jeder Generation lassen sich Strömungen erkennen, und genau auf diese Strömungen muss ein Unternehmen reagieren.

Natürlich gibt es immer auch diejenigen, die nicht in Schubladen gesteckt werden möchten, die eigene Wege suchen und gegen den Strom schwimmen. Individualisten gab es immer und wird es immer geben. Aber wie bereits erwähnt: Es ist schier unmöglich, auf die persönlichen Wünsche des Einzelnen einzugehen. Das befreit künftig allerdings nicht von der Verpflichtung, genau das nach Kräften zu versuchen, denn nur ein Mitarbeiter, der sich in seiner Individualität gefördert sieht, ist auch bestmöglich motiviert.

Es ist allerdings weiterhin, wie es ist: Wer die Solidargemeinschaft bevorzugt, wird niemals den Weg in die Selbstständigkeit wagen; und wer von seinem besonderen Leistungspotenzial, seiner Kreativität und seiner Energie überzeugt ist, wird auf Dauer nicht die Taschen anderer damit füllen wollen.

Auf der anderen Seite zeigt die Studie, dass vielen die sozialen Errungenschaften der letzten Jahrzehnte noch gar nicht aufgefallen sind, während es auch einige gibt, denen sie nicht weitreichend genug sind: Für alle Befragten ist die heutige Arbeitswelt noch weit von ihrer Idealvorstellung entfernt. Doch zwischen Wunschtraum und Realität klafft nur deshalb eine Schlucht, weil die Idealvorstellung schlicht und einfach weder finanzierbar noch praktisch umsetzbar ist. Unternehmen müssen primär investieren, um auf Marktbewegungen und neue politische Vorgaben zu reagieren. Erst dann können sie Ressourcen freigeben, die den Mitarbeitern zugutekommen. Ob die Maßnahmen dann der Masse oder den Schwachen zugutekommen, entscheidet jedes Unternehmen für sich allein.

Wir haben mit dem Buch *Herzenssache Mitarbeiter* diesem Thema 200 Seiten gewidmet. Ein Video, das wir gern zeigen, bringt es auf den Punkt: Bei einer Bewerbung vor dem gesamten Vorstand des Unternehmens ignoriert der eintretende Kandidat alle Beteiligten. Und telefoniert weiter, als wenn nichts gewesen wäre. Erst nach gefühlten Minuten beendet er das Telefonat, um sofort loszulegen und dem Vorstand seine Ideen zu präsentieren. Er kommt gar nicht auf die Idee, sich zu bewerben.

Natürlich: Das ist eine überspitzte Darstellung der heutigen Situation.

> **!** **Aber wenn wir High Potentials wirklich haben wollen, entsteht ein heißer Kampf um die Menschen. DAS ist die neue Macht der Mitarbeiter!**

ZUSAMMENFASSUNG

- Die neue Macht der Mitarbeiter entsteht auch, weil die Generation Y – und die Generation Z – andere Erwartungen hat und andere Ziel verfolgt als die Generationen zuvor. Darauf müssen sich die Unternehmen erst einstellen.

- Die neue Macht führt oft dazu, dass der Bewerber von heute alle Trümpfe in der Hand hält. Darum müssen sich die Unternehmen fragen: »Wie professionell präsentieren wir uns? Was macht uns so besonders und wie können wir dies nach außen kommunizieren, auch im Rekrutierungsprozess?« Eine weitere wichtige Frage lautet: »Wie modern ist unser Unternehmen, bezogen auf den Digitalisierungsgrad?« Denn eine Erhöhung des Digitalisierungsgrades führt zu einer Erhöhung der Mitarbeitermotivation.

- Entscheidend ist: »Wie können wir den Kampf um die besten Köpfe gewinnen?« Dazu müssen die Unternehmen begreifen, dass der wichtigste Aktivposten der motivierte Mitarbeiter ist, dem sie einen Arbeitsplatz bieten sollten, an dem er sich frei entfalten kann, insbesondere wenn er zu der Generation Y oder der Generation Z gehört.

KAPITEL 9

Die digitale Welt fängt gerade erst an

»Es ist nicht die stärkste Spezies, die überlebt, auch nicht die intelligenteste. Es ist diejenige, die sich am ehesten dem Wandel anpassen kann.«

CHARLES DARWIN

Menschliches Know-how als Währung der Zukunft

Digitalisierung ist im Wesen nichts Neues, denn Digitalisierung ist lediglich eine weitere Form von Veränderung. Und Veränderung gab es ja eigentlich immer schon, auch lange vor Darwin. Der Unterschied zu den bisherigen Veränderungen liegt in der Geschwindigkeit und im Ausmaß. Bisher mussten wir immer nur lernen, mit diesen Veränderungen umzugehen – dieses Mal müssen wir dazu auch das Lernen selbst verändern.

Kenntnisse und Fertigkeiten waren schon immer Stärken, die zu fördern sich lohnte. Das gilt ganz besonders in einer Welt, die von Technologie durchdrungen ist. Denn nur, wer die jeweilige Technologie wirklich perfekt beherrscht, kann ihr unglaubliches Potenzial in vollem Umfang nutzen. Und nur dann erkennen wir auch neue Einsatzmöglichkeiten.

> **!** **Know-how wird die teuerste Währung der Zukunft sein – und gleichzeitig die günstigste Form der Arbeitslosenversicherung. Eine Wissensgesellschaft kann schließlich nur existieren, wenn Nachwuchs und Nachschub gesichert sind.**

Eins ist sicher: Wissen kann man auf Datenträgern speichern, doch wie dieses Wissen sinnvoll angewendet wird, kann Ihnen keine Festplatte verraten. Dafür werden in den nächsten Jahrzehnten immer noch Menschen benötigt, die Fantasie, Kombinationsfähigkeit und Weitsicht entwickeln und auf diese Weise Lösungspotenziale generieren. Die Menschen haben das Rad erfunden, und nur sie können es auch am Laufen halten.

Wie hat sich Lernen verändert? Früher wurde Know-how jeglicher Art ausnahmslos in internen und externen Schulungen vermittelt. Aus der reinen Bringschuld ist längst auch eine Holschuld geworden, denn heute liegt Fortbildung auch im persönlichen Aufgaben- und Verantwortungsbereich jedes einzelnen Mitarbeiters. Das Internet bietet dafür unzählige Kanäle, die längst auch Expertenwissen vermitteln. Doch Digitalisierung und Vernetzung bieten weitere ungeahnte Möglichkeiten, Wissen ins Unternehmen zu holen. Über soziale Netzwerke, Expertengruppen und die vielfältigen Kommunikationsmöglichkeiten lassen sich in kürzester Zeit Probleme lösen, für die früher externes Know-how erforderlich war, das über lange Zeiträume eingepflegt werden musste.

Doch wer der digitalen Welt die Tore öffnet, muss sich auch um diejenigen kümmern, die nicht willkommen sind. Digitale Sicherheit ist gerade im Zeitalter der Cloud-Technologien ein heiß diskutiertes Thema, und wer alle Sicherheitsaspekte berücksichtigen möchte, muss sich auch über die privaten Geräte der Mitarbeiter Gedanken machen, die sich mit dem Unternehmensnetzwerk verbinden. Das alles erfordert schon heute eine Unternehmensphilosophie, die sich die digitale Transformation ganz oben auf die Fahnen geschrieben hat.

Wer heute ein modernes Unternehmen betreibt, muss deshalb auf oberster Ebene digitale Führungsexperten beschäftigen, die über das entsprechende IT-Wissen verfügen. Ein Vorstand, der sich von Entscheidungen einer unteren Ebene leiten lässt, stellt seine Existenzberechtigung infrage, denn die meisten Entscheidungen betreffen immer mehr auch die Investitionen im IT-Bereich. Digitale Transformation umfasst eine Vielzahl an Prozessen, die Zeit und Kompetenz erfordern. Dazu braucht es nicht nur Personal, das diese Prozesse leitet, sondern auch ein entsprechendes Budget. Schließlich müssen Hardware, Software und Fachpersonal immer auf dem neuesten Stand gehalten werden, will man nicht im Kampf mit dem Wettbewerb hoffnungslos hinterherhinken.

! **Damit digitaler Wandel funktioniert, braucht es vor allem eine Tugend: Bereitschaft.**

45 Prozent aller Familienunternehmen glauben einer aktuellen *KPMG*-Studie zufolge, mit einer hohen Bereitschaft zum Wandel ausgestattet zu sein. 28 Prozent geben zu, auf den Wandel zu reagieren, während 46 Prozent der Meinung sind, diesbezüglich sogar eine Vorreiterrolle in ihrem Segment übernommen zu haben. Lediglich 12 Prozent sind der Meinung, dass die digitale Transformation die eigene Wertschöpfungskette beeinflusst.

Schauen wir uns im Detail an, was digitale Transformation bedeutet – und wie sie die Arbeitswelt von morgen wirklich verändert.

Der Mensch tritt ab – vorübergehend

Wenn Arbeitskräfte nicht mehr benötigt werden, klingt das im ersten Moment nach sozialer und wirtschaftlicher Schwächung, denn wer kein Geld verdient, kann nicht konsumieren. Wer nicht mehr in der Lage ist, die Wirtschaft anzukurbeln, kann sich auch nicht mehr die Dinge leisten, die das Leben lebenswert machen und die Teilnahme am sozialen Miteinander ermöglichen. Ausgrenzung in Zeiten einer tiefen Wirtschaftskrise schmerzt doppelt.

Wenn Maschinen und Roboter uns all die Arbeiten abnehmen, die körperlich belasten und eher unangenehm sind, klingt das wie Musik in den Ohren derer, die arbeiten wollen, um Kreativität zu leben und Selbstverwirklichung zu erreichen. Aber wenn man den Prognosen Glauben schenkt, werden auch Traumberufe ersetzt (ein Mikroroboter arbeitet deutlich präziser als ein Herzchirurg) – und Berufe, in denen Millionen von Menschen ihren Lebensunterhalt verdienen.

Nehmen wir nur das Transportwesen: Wenn Giganten wie *Google* und *Apple* sich mit Experten wie *Tesla* und Visionären wie *Uber* einig sind, dass die Welt der Mobilität revolutioniert werden muss, ist es nur eine Frage der Zeit, wann selbstfahrende Autos die Jobs der Taxifahrer und Trucker wegrationalisieren werden. Nostalgie und Straßenverkehrsordnung sind dabei die kleinsten Hürden, die es zu bewältigen gilt.

Oder werfen wir einen Blick auf den Bereich Bildung: Heute klagen wir, wenn ein Lehrer sich mit 30 oder gar 40 Schülern einen Raum teilen muss. Wird morgen ein Lehrer zwei Millionen Schüler betreuen? Technisch gesehen wäre es schon heute möglich: Pädagogisch perfekt inszenierte Video-Tutorials, die auf einem Bildschirm in häuslicher Umgebung verfolgt werden, bieten eine ganz neue Form der Chancengleichheit, denn wenn jeder Schüler einer Altersklasse denselben Unterricht erhält, scheint die Welt gerechter zu sein. Man kann ausschlafen und lernen, wenn Geist und Körper auf dem Tageshöhepunkt der Aufnahmefähigkeit sind. Schulhofmobbing und andere Probleme wären auf einen Schlag gelöst. Und wenn der Unterricht ausnahmslos in Englisch, der Sprache des Internets, gestaltet ist, sind wir in der Zukunft angekommen.

Wie gesagt: möglich wäre es. Aber ob wir uns dafür oder dagegen entscheiden, hängt von vielen Fragen ab:

- Sind wir bereit, auf die Möglichkeit zu verzichten, in der Schule soziale Kontakte mit Gleichaltrigen zu knüpfen?
- Lernen wir in zwei Stunden Videokonsum mehr als in fünf Stunden Live-Unterricht?
- Ist Berufsverkehr ohne Schüler spürbar entspannter?
- Wer übernimmt die Aufsichtspflicht?
- Brauchen wir noch Prüfungen und Zeugnisse?

> **!** **Technologie kann in ferner Zukunft alles leisten. Ob der Einsatz allerdings sinnvoll ist, ob wir das in diesem oder jenem Bereich wirklich wollen, steht auf einem anderen Blatt.**

Wie sieht es mit den vielen Pflegeberufen aus? Was wird aus den Menschen, die sich um kranke und alte Menschen, Haushalt und Garten kümmern? Einige sind skeptisch über das Ausmaß, mit der Technologie diese Aufgaben übernehmen wird. Und viele denken, dass das Menschliche gerade im Zwischenmenschlichen niemals zu ersetzen ist. Skeptiker jedoch sind immer diejenigen, die nur das Alte kennen. Generationen, die mit diesen Dingen aufwachsen, werden automatisch aufgeschlossener sein. Sie werden die Vorteile erkennen, die Technologie ihnen im Alltag bieten kann, und sie werden hartnäckig die Umsetzung einfordern.

Hinzu kommt: Wo sich großes Geld verdienen lässt, werden Menschen erfinderisch. Siehe die florierende Anti-Erdbeben-Industrie in Japan. Oder siehe auch die unzähligen Start-ups, die Bankdienstleistungen via Smartphone anbieten, weil sie erkannt haben, dass seit 2008 das Vertrauen in Banken stetig sinkt.

> **!** **Die Menschen werden zweifellos mithilfe des technologischen Fortschritts Lösungen entwickeln und vermarkten, mit denen sie das künftige Arbeitsmarktproblem in den Griff bekommen. Es werden Jobs entstehen, die es noch nie gab und die wir uns heute in unseren verrücktesten Träumen noch nicht einmal vorstellen können.**

Auch mit Schwarzmalerei lässt sich Geld verdienen. Wer ein düsteres Bild der Zukunft malt, kann als Experte oder Politiker Ängste schüren und die Ängstlichen als Geldgeber um sich scharen. Das Aussterben von Berufen wird von den Pessimisten dieser Welt mit dem Wegrationalisieren von Menschen gleichgesetzt. Doch mittelfristig – und damit meinen wir die nächsten 20 Jahre – werden sich Berufe und Jobs in aller Regel nicht in Luft auflösen, sondern erst einmal lediglich verändern.

Zugegeben: Vieles von dem, was (auch selbsternannte) Experten schon seit langer Zeit mit erhobenem Zeigefinger vorausgesehen haben, ist eingetreten. Allerdings niemals in den von ihnen angemahnten Zeiträumen. Auch Technologie wird nicht in der Lage sein, die Welt von heute auf morgen aus den Angeln zu heben. Das hat nicht einmal das Internet geschafft – und das ist mittlerweile immerhin schon 25 Jahre alt. Dazu gibt es zu viele bremsende Kräfte. Und damit meinen wir nicht diejenigen, die Angst vor Veränderung haben, von denen es viel zu viele gibt. Tiefgreifende Veränderungen haben immer auch diejenigen auf den Plan gerufen, die den Sicherheitsaspekt vor Augen haben.

> **!** **Und eine Welt, die immer informierter ist, ist gleichzeitig auch diskussionsfreudiger und kommunikationsbereiter.**

Wir sind sicher: Die Argumente dafür und dagegen werden über lange Zeit gegeneinander abgewogen, sei es auf Facebook, Twitter oder in den unzähligen Blogs und Foren. Die Folge: Skeptiker werden mit ihren Ängsten nicht allein gelassen, sondern aufgeklärt. Wer sich auf eine Diskussion einlässt und viele Meinungen hört, kann sich irgendwann auch eine eigene bilden. Wer verbohrt von Beginn an auf seiner eigenen Ansicht beharrt, ist unbelehrbar. Und wird irgendwann zurückgelassen.

Die Antworten der Unternehmen und der Politik

Digitale Transformation ist nicht das, was wir machen, sondern in der Regel das, was mit uns gemacht wird. Wir *werden* transformiert: durch die Entwicklung, durch den Fortschritt und am Ende durch die Anforderungen, die sich daraus ergeben. Digitale Transformation verändert die Rahmenbedingungen, unter denen wir wirtschaften und handeln. Wenn digitale Transformation unsere Zukunft ist, stellt sich also die Frage, wie Unternehmen darauf antworten. Die erste Frage muss also lauten:

- Ist mein Geschäftsmodell für die Zukunft gerüstet oder muss ich signifikante Änderungen einführen, um den Anschluss nicht zu verlieren?

Eins hat sich schon früh herumgesprochen: Wer den Anschluss verliert, hat in der heutigen Zeit schnell den eigenen Untergang eingeläutet.

Solche Gedanken und Fragen sind es, die Unternehmen und Politiker beschäftigen, und Sie haben sie sicherlich schon oft gehört. Viele warten dann nur noch auf interessante Antworten, um auszuwerten, wie sich Ratschläge im eigenen Unternehmen umsetzen lassen. Darüber kann man nur den Kopf schütteln, denn wir sind damit auf einer Ebene angelangt, auf der es nur noch um Reaktion geht, längst nicht mehr um Aktion. Haben wir früher mit Entwicklungen den Weltmarkt geflutet und die Welt verändert, versuchen wir heute nur noch, auf die von anderen erdachten Ideen zu reagieren. Es geht nur noch darum, im großen Fluss mitzuschwimmen – ohne anzuecken, denn Anecken kostet Geschwindigkeit. »Gut genug sein« ist künftig allerdings der Anfang vom Ende. Performance muss in Zukunft nahe an Perfektion sein, um wahren Erfolg generieren zu können.

> **!** **Wir brauchen also Unternehmen, die Neues wagen.**

An dieser Stelle müssen wir uns fragen, welche Möglichkeiten die Politik bietet, damit mutige Unternehmen überhaupt erst gegründet werden können. Fakt ist, dass Gründungsprozesse in wirklich jeder Hinsicht vereinfacht werden müssen. Dazu braucht es schnelle Entscheidungen, optimale Infrastruktur und kompetente Betreuung nicht nur in der Gründungsphase, sondern auch danach.

Nur wenn junge Unternehmen das Gefühl haben, gefördert statt gebremst zu werden, kann sich ein System entwickeln, das sich auf Kernkompetenzen konzentrieren kann. Wenn Personal bezahlt werden muss, das Fehler der Politik ausbügeln und sich mit den Auswirkungen der Bürokratie auseinander setzen muss, werden kostbare Ressourcen sinnlos verschwendet. Wenn große Unternehmen abwandern und kleine gar nicht erst gegründet werden, kann man sich aussuchen, was schlimmer ist. Im schlimmsten Fall werden die Giganten von morgen im Ausland gegründet. Dann wird wieder stolz darauf verwiesen, wie erfolgreich Deutsche doch im Ausland sind. Dann wird wieder einmal Richtung Silicon Valley applaudiert, nicht Richtung Ruhrgebiet, und niemand fragt sich, warum die Arbeitsplätze nicht in Deutschland für wirtschaftliches Wachstum sorgen – von den steuerlichen Einnahmen (oder Nichteinnahmen) ganz zu schweigen. Wer sich allein die Bauvorschriften anschaut, die noch aus Bismarcks Zeiten stammen, kann nur mit dem Kopf schütteln. Was damals vielleicht durchaus sinnvoll war, sollte im Sinne des Fortschritts endlich einmal überdacht werden.

! **Wo keine modernen Unternehmen entstehen können, kann auch kein Nährboden für Innovationen entstehen. Wir müssen dafür sorgen, dass sich der Innovationsgrad des Standorts Deutschland endlich wieder deutlich erhöht.**

Digitale Sieger und Verlierer

Der Standort Deutschland wird seit Jahren viel diskutiert. Doch ganz ehrlich: Wer will in digitalen Zeiten ein Unternehmen an einem Standort gründen, an dem nicht einmal eine zeitgemäße Internetverbindung möglich ist? Wo es immer noch weiße Flecken gibt, an denen eine stabile Mobilfunkverbindung gar nicht aufgebaut werden kann?

Beschämend wird das Ganze, wenn man sich die digitale Infrastruktur in Entwicklungsländern anschaut, die uns schon seit Jahren vormachen, wie es funktionieren kann und funktionieren muss. Diese Länder nutzen geschickt unsere Schwächen aus, um Industrie anzulocken. Man darf sich angesichts dieser Voraussetzungen nicht mehr wundern, dass sich viele Unternehmen damit zufriedengeben, lediglich wettbewerbsfähig zu sein. Kaum einer ist noch bemüht, Wettbewerb auch anzuführen!

Jetzt bietet sich die Gelegenheit, neue Wettbewerbsvorteile zu schaffen, denn in Sachen Wandel gewinnt immer der Schnellste. Es reicht dabei nicht aus, nur die Bereitschaft zur Veränderung mitzubringen. Viel wichtiger ist die Bereitschaft zur Anpassung.

> **!** **Die Generation Y ist genau deshalb sehr gut für die Zukunft gewappnet, denn sie ist in höchstem Maße veränderungs- und anpassungsbereit.**

Die erfolgreichen Unternehmen, die in den letzten Jahren entstanden sind, und all die, die noch entstehen werden, haben eines gemeinsam: Sie sind nicht Meister der Innovation, sondern der verbessernden Anpassung. Musterbeispiel *Tesla*: Automobile gibt es schon seit dem 19. Jahrhundert. Doch erst *Tesla* hat das Automobil so weit verändert, dass etwas Neues entstanden ist. Uns ist heute weitgehend klar, dass dem Elektroantrieb wohl die Zukunft gehört. Wir müssen nur noch mehr Sonnen-, Wind- und Wasserenergie in noch kleineren Batterien speichern, dann ist das Ende des Verbrauchs fossiler Energien eingeläutet. Und uns ist ebenfalls klar, dass die selbstfahrenden Autos nicht mehr aufzuhalten sind. Das Einzige, was uns noch nicht klar ist, ist die Geschwindigkeit, mit der das alles passieren wird.

Was uns aber wiederum klar ist: Dazu sind motivierte, engagierte und qualifizierte Mitarbeiter notwendig, die mit ihrem Know-how den Unternehmen helfen, die Herausforderungen der Zukunft zu bewältigen.

Der Kreis schließt sich. Die digitale Revolution wird Unternehmen vor völlig neue Herausforderungen nicht gekannten Ausmaßes stellen. Nicht jedes Unternehmen wird dies überleben. Das ist nicht übertrieben. Auf der Fortune-500-Liste der größten Unternehmen in den USA sind viele Firmen nicht mehr verzeichnet, die »früher« dort zu den Stammgästen zählten. Denken Sie nur an Kodak und Agfa. Und auch das ist erst der Anfang. Wir sind seit 2010 pausenlos unterwegs, um den Entscheidern im Mittelstand und in der Industrie die Chancen und Risiken der digitalen Transformation deutlich zu machen. Mehr als 40 000 Entscheider konnten wir in dieser Zeit erreichen und dafür sensibilisieren, dass es einen dringenden Handlungsbedarf gibt. Es wird digitale Sieger und Verlierer geben.

ZUSAMMENFASSUNG

- Bezüglich der digitalen Transformation haben wir immer noch die Stunde null, die eigentlich anders heißt: digitale Disruption – zerstöre und baue neu auf! Um für diese Revolution gewappnet zu sein, brauchen die Unternehmen die richtigen Mitarbeiter. Sie brauchen Wissensmacht: Es geht darum, das kleine Etwas mehr zu wissen, das der Kunde braucht, ohne dass er selbst schon einmal daran gedacht hätte. Und es ihm dann auch zu geben. Das verschafft einem Unternehmen den Vorsprung vor dem Wettbewerb.

- Die Unternehmen brauchen Mitarbeiter mit dem richtigen Blick für bahnbrechende Erneuerungen und dem Willen und der Kompetenz, diese Erneuerungen zu stemmen. Und genau deshalb müssen die Entscheidungsträger in den Unternehmen neu denken lernen, den Mitarbeitern vertrauen und ihnen die wichtigste Rolle im Kampf um die Zukunft zugestehen. Nur so schaffen sie Wissenskrieger.

KAPITEL 10

Der Weg von Employer Clienting® durch die Entdeckung der Empathie

»Erfolg im digitalen Zeitalter braucht die Fähigkeit zur Empathie. Das beherrschen die Wenigsten. Es ist bis heute nicht auf der Agenda der Business Schools und damit nicht Bestandteil des Denkens in der zukünftigen Managementelite.«

EDGAR K. GEFFROY

Unternehmen bewerben sich bei Mitarbeitern

Wir befinden uns heute auf dem Sprung von der *Old* und *New Economy* zur *Human Economy.* Produktstrategien werden in Zukunft nicht mehr dauerhaft funktionieren, weil sich die Wertschöpfungskette selbst verändert. Die alten Bilanzierungsregeln, die sich nach wie vor auf das Kapitalmanagement konzentrieren, greifen ebenfalls nicht mehr, da sie die Wertquelle Nr. 1 in der neuen Wirtschaft, den Menschen, ignorieren.

> **!** **In Zukunft werden Unternehmen von ihrer Wissensbilanz leben; sie enthält das Wissen über Kunden, das Wissen über Mitarbeiter, das Wissen über interne Abläufe und das anwendungsorientierte Wissen, also das eigentliche Fachgebiet der Firma.**

Die wissensorientierten Unternehmen werden nur dann erfolgreich sein, wenn sie den Menschen in den Mittelpunkt stellen, wenn sie also die *Human Resource* für sich erschließen. Der Mensch wird zum wichtigsten Erfolgsfaktor der Unternehmenszukunft. Um Wissensarbeitern eine Chance zu geben, müssen Hierarchien bis auf ein notwendiges Entscheidungsminimum abgebaut werden. Damit entsteht ein völlig neues Rollenverständnis zwischen Mitarbeitern und Führungskräften.

Und die Menschen in den Unternehmen werden lernen müssen, ganz anders miteinander umzugehen. Die Fähigkeit, die wir alle lernen müssen, heißt Empathie. Und das kann man lernen.

Flexibilität wird immer wichtiger

Die neue Weltwirtschaft wandelt sich rasant schnell. Um den steigenden Anforderungen der Kunden, sofort bedient zu werden, gerecht zu werden, müssen Unternehmen mehr und mehr in Echtzeit handeln. Das Internet unterstützt uns dabei, wird aber auch unsere Art des Kaufens und Verkaufens auf Dauer auf den Kopf stellen, weil die dialogorientierten Internetsysteme unendlich viele neue Verkaufsmöglichkeiten bieten. Wandlungsfähigkeit allein wird nicht mehr ausreichen, vielmehr werden wir immer mehr ein Höchstmaß an Flexibilität verwirklichen müssen.

Folglich brauchen wir Mitarbeiter, die diesen Anforderungen gewachsen sind und genauso flexibel mitziehen. Die Fähigkeit zum *Changement* werden wir in der Welt des *Real Time Business* dringend brauchen, und auch dafür benötigen wir die geeigneten Mitarbeiter. Effektiv funktionierende Mitarbeiterkonzepte sind der Überlebensfaktor, um je nach Anforderung mit den geeigneten Menschen neue Lösungskonzepte für die gewandelte Situation schaffen zu können.

Für die zukünftige Elite der Unternehmen, die die Bedeutung des Wissens erkannt hat, wird die Kunst der Vernetzung innerhalb der Firma und auch nach außen eine entscheidende Rolle spielen, und zwar in elektronischer ebenso wie in partnerschaftlicher Hinsicht. Hier lernen wir von der Natur: Auch sie besteht aus vernetzten Systemen, die widerstandsfähiger und schneller auf neue Situationen reagieren können. Vernetzte Systeme sind weniger kontrollierbar als hierarchische, daher werden Vertrauen und Zuverlässigkeit zu wichtigen *Softskills.*

Das Unternehmen als attraktiver Arbeitgeber

Grundlage dafür ist *Employer Clienting®*, das die systematische Rekrutierung, die professionelle Auswahl der richtigen Mitarbeiter nach ihrem Potenzial und ihre gezielte Weiterqualifizierung in den Mittelpunkt stellt. Das Personalmanagement rückt damit stärker in den Mittelpunkt als bisher. Dies haben viele Unternehmen bereits erkannt – sie sehen im Employer Branding eine Herausforderung und wollen sich zu Wunscharbeitgebern entwickeln oder solche bleiben.

Diese Unternehmen haben erkannt, dass es heutzutage (auch) darum geht, dass sich die Unternehmen bei den Mitarbeitern bewerben.

Durch die Umkehrung der Situation, dass sich die Unternehmen bei den Mitarbeitern bewerben müssen, sind neue Spielregeln erforderlich. Wir produzieren beispielsweise immer mehr Filme, in denen sich Unternehmen als attraktive Arbeitgeber vermarkten. Das sind im Klartext Verkaufsfilme für zukünftige Mitarbeiter. Fortschrittliche Unternehmen werden die Frage beantworten können, was sie neben dem Gehalt, den Karrierechancen und den Firmenwagen noch zu bieten haben. Dabei werden diejenigen Unternehmen gewinnen, die auf diese Frage die überzeugendsten Antworten zu geben verstehen. Früher wurden die Produkte professionell vermarktet – heute muss sich das Unternehmen professionell vermarkten, um die richtigen Mitarbeiter anzuziehen und zu halten.

Employer Clienting® verfolgt das Ziel, ein Unternehmen so spannend und anziehend wie möglich zu machen, dass die Mitarbeiter mit Freude aktiv am Unternehmenserfolg mitwirken. Das Unternehmen wird zum sozialen Spielfeld, auf dem jeder seine Stärken frei entfalten kann. Der Mitarbeiter von morgen wird der Unternehmer seiner eigenen Fähigkeiten sein; schon jetzt betrachtet sich die kommende Generation der Berufstätigen als »Lebensunternehmer«. Der Mitarbeiter wird mehr Spielraum für selbstständiges Handeln und eigene Entscheidungen einfordern. Er will am Erfolg des Unternehmens beteiligt und mit einem Bonus dafür belohnt werden.

Anerkennungskultur implementieren

Der Mitarbeiter wird Partner sein, indem er im permanenten Austausch mit den Führungskräften steht. Beide Seiten sehen sich als gleichberechtigt an, informieren sich untereinander und helfen sich auf eine empathische Art und Weise. So entsteht eine wertschätzende gegenseitige Anerkennungskultur mit einem förderlichen Arbeitsklima. Mithilfe einer transparenten Kommunikationskultur, Maßnahmen zur Förderung des Wir-Gefühls und der Unterstützung dabei, dass alle Mitarbeiter ihre Begabungen und Talente am Arbeitsplatz zur Entfaltung bringen können, gelingt es dem Unternehmen, die besten Mitarbeiter für sich zu gewinnen und zu halten.

Unternehmen, die die Mitarbeiterzufriedenheit als entscheidenden Faktor erkannt haben, bringen automatisch auch Kundenzufriedenheit hervor. Die Formel lautet:

> **!** **Mitarbeiterzufriedenheit führt zu Kundenzufriedenheit – und das erhöht die Profitabilität. Der Mitarbeiter ist der erste Kunde des Unternehmens.**

Wir haben dafür einen zentralen Minimumfaktor entdeckt. Sie wissen: Von der Natur haben wir gelernt, dass der Minimumfaktor dasjenige ist, was am geringsten vorhanden ist und am meisten Wachstumspotenzial bietet, weil es eine hohe Nachfrage dafür gibt: Unternehmensführung im digitalen Zeitalter braucht die Fähigkeit zur Empathie.

> **!** **Empathie ist vor allem eine Haltung. Dabei geht es allerdings nicht um gefühlsseliges Mitfühlen, sondern um das einfühlende Verstehen oder verständnisvolle Sich-Einfühlen in die Vorstellungswelt des Gesprächspartners. Wichtig ist das Spannungsfeld zwischen dem rationalen Verständnis dessen, was den anderen Menschen bewegt, und der emotionalen Versenkung in die Gefühlswelt des Gegenübers.**

Das Managementmodell der empathischen Führung

Empathie ist eine Fähigkeit, die die wenigsten beherrschen. Und sie steht bis heute nicht auf der Agenda der Business Schools. Dort herrscht immer noch eine ausgesprochene Zahlen-Daten-Fakten-Mentalität vor. Es ist daher zu befürchten, dass auch die zukünftige Managementelite kaum in der Lage sein wird, empathisch zu denken und zu handeln, geschweige denn empathisch zu führen.

Das wird sich ändern müssen. Und es gibt Hoffnung. Denn Empathie kann man lernen. Selbst Autisten sind in der Lage, emphatischer zu werden. Dann dürfte es auch für zukünftige Managementeliten ein Leichtes sein, es zu lernen.

Um die Märkte der Zukunft zu erobern und die zukünftigen Mitarbeiter anzuziehen, brauchen wir das Managementmodell der empathischen Führung. Nur so kann man verstehen, was Mitarbeiter und Kunden wirklich wollen. Dafür steht *Employer Clienting*®.

> **! Herausragende Unternehmenserfolge stehen in einem engen Zusammenhang mit einer hohen empathischen Kompetenz der Entscheidungsträger.**

Denn es geht oft darum, etwas zu erkennen, was man auf der Basis einer Zahlen-Daten-Fakten-Denkweise nicht sehen kann. Das gilt für den Umgang mit Kunden genauso wie für die Mitarbeiterbeziehungen.

Wir wollen sogar von einer digitalen Empathie sprechen. Wir müssen verstehen und erkennen, wie die Digitalisierung die Menschen verändert, und dürfen die Gefühle der Menschen nicht länger ignorieren. Während wir diese Zeilen schreiben, ist Donald Trump zum designierten Präsidenten der USA gewählt worden, und das auch, weil er eine Empathie dafür entwickelt hat, welchen Einfluss die digitale

Welt auf jeden einzelnen Menschen haben kann. Er hat das Gefühl vieler Menschen, zu den Fortschrittsverlierern zu gehören, mit seinen Twitter-Äußerungen aufgegriffen und aufgefangen. Die herrschenden Machteliten waren dazu offensichtlich nicht in der Lage.

Nun sind wir keine Berater der politischen Elite, sondern wir möchten Ihre Berater sein. Und hier geht es um Mitarbeiter. Und um Ihre Träume, Ängste und Motive. Das macht *Clienting*® so einzigartig: eine hohe Empathie für den einzelnen Mitarbeiter zu entwickeln, sich auf ihn einzustellen, eine dauerhafte Beziehung mit ihm aufzubauen, seine Fähigkeiten richtig einzuschätzen, um dann die Motive, die ihn antreiben, zu aktivieren. In einen Satz gefasst:

ZUSAMMENFASSUNG

- Eine wesentliche Aufgabe einer Unternehmensführung im digitalen Zeitalter ist es, die Mitarbeiterin und den Mitarbeiter erfolgreicher zu machen.

Gemeinsam wünschen wir Ihnen viel Erfolg bei der Umsetzung. Die Zukunft bleibt spannend.

Anhang

Literatur und Quellen

Amman, Susanne u. a.: *Problem: Chef.* In: Der SPIEGEL 45/2013, S. 90–92

Aon Hewitt. Quelle: http://www.aon.com/germany/ueber-aon/presse/aon-hewitt-mitarbeiter-engagement-in-europa-liegt-weit-unter-globalem-durchschnitt.jsp

Begemann, Petra: *Den Chef im Griff. Strategien für den richtigen Umgang mit Vorgesetzten.* Eichborn, Frankfurt am Main 2004

Buckingham, Marcus; Clifton, Donald O.: *Entdecken Sie Ihre Stärken JETZT! Das Gallup-Prinzip für individuelle Entwicklung und erfolgreiche Führung.* Campus, Frankfurt am Main / New York, 5. Auflage 2016

Bürkle, Hans: *Aktive Karrierestrategie. Erfolgsmanagement in eigener Sache.* Springer Gabler, Wiesbaden, 4. Auflage 2012

Bundesministerium für Arbeit und Soziales: *Wertewelten Arbeiten 4.0.* Studie 2016. Siehe http://www.bmas.de/DE/Service/Medien/Publikationen/Forschungsberichte/Forschungsberichte-Arbeitsmarkt/fb-studie-wertewelten-a40.html

Continental AG (Hrsg.): *Vorstellung Continental-Studentenumfrage 2004.* Quelle: http://www.continental-corporation.com

Csikszentmihalyi, Mihaly: *Flow im Beruf. Das Geheimnis des Glücks am Arbeitsplatz.* Klett-Cotta, Stuttgart, 4. Auflage 2013

Deloitte: *Deloitte Millennial Survey 2016. Winning over the next generation of leaders.* Siehe: https://www2.deloitte.com/at/de/seiten/human-capital/artikel/millennial-survey-2016.html

Fairness-Stiftung (Informationen zum Thema *Mobbing*): http://www.fairness-stiftung.de/Mobbing.htm

Gallup-Institut: *Pressemeldungen zum Engagement Index.* Die Veröffentlichungen zum Engagement Index sind abrufbar unter: http://www.gallup.de/183104/engagement-index-deutschland.aspx

Geffroy, Edgar K.; Schulz, Benjamin: *Erfolg braucht ein Gesicht. Warum ohne Personal Branding nichts mehr geht.* Redline, München 2016

Geffroy, Edgar K.; Albiez, Doris: *Herzenssache Mitarbeiter. Die neue Unternehmenskultur im digitalen Zeitalter.* Redline, München 2016

Geffroy, Edgar K.: *Herzenssache Kunde. Die sieben Schlüssel zu einzigartigem Kundenerfolg mit Clienting*. Redline, München 2014

Geffroy, Edgar K.: *Das Einzige, was stört, ist der Kunde. Clienting ersetzt Marketing*. Redline, Frankfurt am Main, 16. Auflage 2005

Geffroy, Edgar K.: *Clienting. Kundenerfolge auf Abruf jenseits des Egoismus*. Moderne Industrie, Landsberg am Lech, 4. Auflage 2000

Hansen, Hein: *Der Fisch stinkt vom Kopf. Neue Motivation statt innerer Kündigung – Der Ratgeber für Mitarbeiter und Führungskräfte*. Börsenmedien AG, Kulmbach 2014

Hewitt Associates GmbH (Hrsg.): *Bessere Bilanz durch Motivation*. 2003 (Pressemeldung, www.presseportal.de)

Klug, Sonja: *Mehr Erfolg mit Internet-Stellenanzeigen durch Berücksichtigung der Bewerberperspektive*. In: Werner Pepels: *Erfolgreiche Personalwerbung in Medien*. Oldenbourg, München, Wien 2001, S. 113–130

KPMG: *Studie: Deutsche Familienunternehmen blicken zuversichtlich in die Zukunft*. Family Business Barometer 2016. Quelle: https://home.kpmg.com/de/de/home/newsroom/press-releases/2016/09/studie--deutsche-familienunternehmen-blicken-zuversichtlich-in-d.html

Schönberger, Margit: *Mein Chef ist ein Arschloch, Ihrer auch?* Goldmann, München 2006

Simon, Walter; Scheelen, Frank M.: *Bewerberauswahl leichtgemacht. Wer passt nach DIN 33430?* Redline Wirtschaft bei Ueberreuter, Frankfurt am Main, Wien 2003

US Public Interest Research Group: *Millennials in Motion. Changing Travel Habits of Young Americans and the Implications for Public Policy*. Studie 2014

Stichwortverzeichnis

Über die Autoren

Barbara Geffroy

Barbara Geffroy stammt aus einer erfolgreichen Unternehmerfamilie und startete ihre berufliche Karriere mit der Ausbildung zur Textilkauffrau. Außerdem absolvierte sie eine psychologische und therapeutische Ausbildung und bildete sich weiter in Hypnose- und Entspannungstechniken. Es folgten die Qualifizierung in der Evolutions-Konformen-Strategie (EKS) sowie der Abschluss zum NLP-Master (Neuro-Linguistisches Programmieren). Sie ist zertifizierter Wingwave Coach, geprüfte Psychologische Beraterin, Hypnosetherapeutin und Seminarleiterin für autogenes Training.

Die Autorin wurde nach mehreren beruflichen Stationen Geschäftsführerin eines Dienstleistungsunternehmens und ist heute im Beirat der Geffroy GmbH sowie im Beirat der auf Personenberatung spezialisierten Firma Personality Coach.Net.

1992 heiratete sie den Wirtschaftsexperten und Bestsellerautor Edgar K. Geffroy, den sie als Ehefrau und als Personality Coach unterstützt. 1995 kam ihr Sohn David zur Welt; Tochter Pia folgte 2005.

Barbara Geffroy, Personality Coach.Net

Mit dem Unternehmen Personality Coach.Net setzt die Autorin neue Maßstäbe in der Persönlichkeitsberatung. Überzeugt davon, dass die meisten Menschen ihre eigenen Potenziale nicht kennen oder sie zumindest nicht richtig einsetzen, entwickelte Barbara Geffroy ein einzigartiges LifeCoaching und Personality System. Ihre Kunden sind

Menschen, die eine bessere Lebensqualität für sich selbst und ihre Familie aufbauen, neue Ziele setzen und erreichen wollen. Sie entwickelt Zukunftsstrategien, die die Potenziale des Einzelnen nutzen. Dabei stehen Individualität und Einzigartigkeit im Vordergrund.

Ihr Leitmotiv dabei: »Jeder kann mehr aus sich selbst machen und endlich tun, was er kann und was ihm Spaß macht. Denn jeder hat Ressourcen, die er einfach nur für sich nutzbar machen muss.«

Auf der Suche nach dem eigenen Potenzial

Barbara Geffroys Philosophie lässt sich wie folgt beschreiben: Das Leben hält im Geschäft wie im Privatleben vielfältige Überraschungen bereit. Das können wir nicht ändern, aber wir können die Entscheidung treffen, wie wir damit umgehen wollen. Jeder Wandel kann auch eine Chance sein. Jeder entscheidet selbst, was daraus wird, und sollte darum Klarheit für die eigene Zukunft schaffen, den Einklang mit sich selbst und den eigenen Gefühlen, Träumen und Wünschen finden und sich selbst und seine Potenziale kennenlernen.

Barbara Geffroy hilft dabei und bringt ihre langjährige Erfahrung als Personality Coach ein. Das Bewusstsein der Vorteile einer unterstützenden Lebensberatung, in den USA seit Jahrzehnten Standard, entwickelt sich jetzt auch in Europa. Dabei gilt: »Nur wer seine Ziele kennt, wird seinen Weg gehen. Ich möchte Ihnen bei der Suche nach neuen Zielen und nach neuen Chancen helfen.«

Auf der Suche nach dem richtigen Mitarbeiter

Personality Coach.Net führt den Wachstumserfolg eines Unternehmens im Wesentlichen auf das Entstehen, Zusammenwirken und Verstehen von Menschen in geschäftlichen Beziehungen, Partnerschaften und Business-Netzwerken zurück. Eigens dafür wurde von Edgar K. Geffroy der Begriff *Clienting*® geprägt. Hier steht das Individuum im Vordergrund, der einzelne Mensch.

Das *Human Resource Management* stellt eine weitere wichtige Kompetenzsäule dar. Dafür hat die Autorin gemeinsam mit ihrem Mann ein neues Konzept der Mitarbeiterrekrutierung entwickelt, das *Employer Clienting*®-Konzept. Der Inhalt ist in diesem Buch vorgestellt worden. Mit diesem System entsteht ein völlig neuer Weg zur Zukunftssicherung und Erfolgssteigerung der nächsten Unternehmenselite, insbesondere für kleine und mittelständische Unternehmen, die nach einer Systematisierung ihres Personalmanagements suchen und nichts dem Zufall überlassen wollen.

Entscheidend dabei ist: »Wir brauchen begeisterte Mitarbeiter, die sich mit ihrer Arbeit, ihren Aufgaben und dem Team identifizieren können. Denn nur begeisterte Mitarbeiter schaffen begeisterte Kunden.«

Wir helfen Ihnen bei der Suche nach dem richtigen Mitarbeiter

Mit einem speziellen Auswahl- und Potenzialverfahren werden die idealen Mitarbeiter herausgefiltert, sodass vakante Arbeitsstellen optimal besetzt werden können. Kosten, Streuverluste und unerfreuliche Ergebnisse werden vermieden. *Employer Clienting*® liefert neue Konzepte auf der Basis von über 20 Jahren Erfahrung im Umgang mit der Ressource Mensch.

Barbara Geffroy & Team arbeiten auf der Grundlage eines der weltweit meistbewährten Analysesysteme zur Personalentwicklung. Jetzt bietet sich die neue Möglichkeit, einen ausführlichen Test der Emotionalen Intelligenz durchzuführen.

Employer Clienting® ist die effektivste Form des *Human Business.* Denn jeder Mitarbeiter hat die Möglichkeit, sein Potenzial maximal auszuschöpfen oder sogar sein Tätigkeitsfeld durch Neufokussierung umzustrukturieren.

Ob Sie Personal suchen, Mitarbeiter beurteilen, Teams aufbauen, Ihr Unternehmen durchchecken lassen oder einfach nur Ihre eigenen

Potenziale erkennen wollen: *Employer Clienting®* schafft neues Wachstum durch Menschen.

Individuelle Persönlichkeitstests und firmenbezogene Stressanalysen gehören ebenfalls zum Angebotsspektrum von Barbara Geffroy.

Ausführliche Informationen erhalten Sie bei:

Personality Coach.Net
Großenbaumer Weg 5
40472 Düsseldorf
Tel.: +49 (0) 211 / 40 80 97 - 0
Fax: +49 (0) 211 / 40 80 97 26
E-Mail: team@geffroy.de
Internet: www.personalitycoach.net

Edgar K. Geffroy

Mit mehr als 30 Jahren Erfahrung als Unternehmer, Wirtschaftsredner und Bestsellerautor ist Edgar K. Geffroy für viele heute zum Maßstab für Kontinuität auf der einen Seite sowie Innovationskraft und Pioniergeist auf der anderen Seite geworden.

Edgar K. Geffroy hat ein ausgeprägtes Talent, Menschen zu begeistern und für neue Wege zu motivieren. Seine Ideen und Impulse haben bis heute fast eine Million Menschen weltweit erreicht, was die Akzeptanz und Überzeugungskraft seiner Konzepte bezeugt. Mit Leidenschaft motiviert und inspiriert er zu unternehmerischem Neudenken in der digitalen Welt und bricht dabei gewohnte Denkmuster auf.

Langjährige unternehmerische Erfahrungen in verschiedenen Branchen machen ihn zu einem gefragten Strategieberater. In der Businesswelt sorgte er mit seinen Themen nicht nur einmal für Furore. Der »Service-Pionier« hat der gesamten Kundenorientierung bereits Anfang der 1990er-Jahre mit seiner *Clienting*®-Strategie eine ganz eigene Note gegeben. Weltweit nutzen heute viele Unternehmen seine Konzepte.

Seither setzt Edgar K. Geffroy immer wieder neue Maßstäbe im Bereich Kundenorientierung und Veränderung durch den digitalen Wandel. Längst gilt er als Businessvordenker mit einem besonderen Gespür dafür, neue Trends am Markt frühzeitig zu erkennen und zu nutzen. Unternehmer schätzen diese Begabung sehr und ziehen ihn immer dann zu Rate, wenn Neues gesucht, etabliert und nachhaltig in den Markt gebracht werden soll.

2007 wurde er in die German Speakers Hall of Fame® aufgenommen und trägt damit die höchste Auszeichnung der German Speakers Association. 2012 erhielt Geffroy den Business Vordenker-Preis des Jahrzehnts der BEST of BEST Academy, Wien. Für sein Lebenswerk erhielt er 2015 den »Grand prix d'excellence des conférenciers européens« vom Speakerportal »Vortragsredner.de«.

Als Erfolgsautor revolutionierte Edgar K. Geffroy mit seinen Bestsellern die Welt von Unternehmern, Marketingverantwortlichen und Verkäufern. »Das Einzige, was stört, ist der Kunde« behauptete sich 100 Wochen in den Top-Ten-Listen. Bis heute hat er 28 Bücher geschrieben und davon mehr als eine Viertelmillion in 25 Ländern verkauft. Gemeinsam mit Doris Albiez, der Geschäftsführerin von Dell Deutschland, schrieb er den Bestseller »Herzenssache Mitarbeiter«.

Die Clienting®-Strategie – die Idee, anders zu denken

Seit über 25 Jahren beeinflusst Edgar K. Geffroy mit seiner besonderen Analysemethode, der *Clienting*®-Strategie, die Geschäftswelt. Diese Beziehungslehre richtet sich nach den individuellen Bedürfnissen der Kunden und hilft ihnen, sich klar vom Wettbewerb abzugrenzen. *Clienting*® stellt eindeutig den Menschen in den Mittelpunkt des Handelns. Das ist der Kern der gesamten Beziehungslehre, der sich auf eine einfache Formel herunterbrechen lässt: »Unser Geschäft ist es, mit allen Mitteln und Möglichkeiten zu helfen, dass unsere Kunden selbst bessere Geschäfte machen«. Und das vor allem von Mensch zu Mensch.

Die *Clienting*®-Strategie konzentriert sich am Engpass der jeweiligen Zielgruppe, um Produkte, Dienstleistungen oder das Unternehmen zielgerichtet zu vermarkten. Ziel ist es, eine Monopolstellung aufzubauen. Doch wie kann diese auf Naturgesetzmäßigkeiten beruhende Methode in einem Markt, der immer digitalisierter, paradoxer und zugleich eigendynamischer wird, umgesetzt werden? Die Antwort ist recht einfach: indem man die Grundregeln von Geschäftsbeziehungen ändert. Heute können Unternehmen nur dann erfolgreich sein, wenn sie eine Beziehung mit ihren Kunden eingehen. Ziel muss es sein, Partnerschaften zu Kunden aufzubauen, um mit deren Hilfe die zunehmende Komplexität, Widersprüchlichkeit und Dynamik auf Marktebene und Kundenseite in den Griff zu bekommen. Und genau dies ist Funktion und Ziel von *Clienting*®.

Ein Unternehmen muss permanent bemüht sein, potenzielle Neukunden individuell abzuholen und ihre Wünsche und Bedürfnisse in besonderer Weise zu berücksichtigen. Der Kunde darf während des Kommunikationsprozesses nicht die Preispolitik als einziges Merkmal des Unternehmens wahrnehmen. Er benötigt in erster Linie Lösungen. Ihm müssen gewinnbringende Lösungen, mit denen er sich vom Wettbewerb monopolartig unterscheiden kann, präsentiert werden.

Die Kunden sollten niemals nur als Abnehmer für ein Produkt oder eine Dienstleistung, sondern als Menschen mit verschiedenen Interessen und Bedürfnissen betrachtet werden. Auch wenn ein Kunde keinen Bedarf hat, etwas zu kaufen, sammelt er unbewusst Informationen, auf die er – auch ohne gezielten Werbeimpuls – zurückgreift. Der Kunde muss im ersten Schritt immer für eine Idee sensibilisiert werden, selbst wenn noch kein konkretes Interesse besteht. Partnerschaften bieten dazu eine ideale Grundlage. Innovative Unternehmen denken nicht in Wettbewerbskategorien, sondern in Partnerschaften.

Ein Partnersystem kann nur dann funktionieren, wenn die Summe an Leistungen den Wert einer Geschäftsbeziehung überschreitet. Frei nach dem Grundsatz der *Clienting*®-Strategie. Deshalb ist es auch ein Partnersystem – ein System, bei dem beide Seiten voneinander profitieren wie in einer guten und tragfähigen Beziehung. Der Partnerschaftsgedanke eröffnet die Möglichkeit, ein grundsätzliches Vertrauen aufzubauen. Und gerade dieses Vertrauen ist der maßgebliche Kit, der zukünftig den gesamten Markt revolutionieren wird.

Nicht der Profitgedanke wird in den nächsten Jahren für den Erfolg der Unternehmen entscheidend sein, sondern der Gedanke einer soliden und vertrauensvollen Partnerschaft. »Zusammen sind wir stark« oder »Zusammen erreicht man mehr als die Summe, die jeder im Alleingang schaffen kann«. Ganz zu schweigen von der Masse an gebündeltem Kreativpotenzial, das so eine Partnerschaft kreieren kann, wenn beide Partner sich ergänzende Fähigkeiten besitzen. Nur auf Basis sinnvoller Kooperationen werden Kräfte frei, die zum Nutzen der Zielgruppe eingesetzt werden können. Damit schaffen Unternehmen den Grundstein für wirkungsvolle und beständige Geschäftserfolge. Denn der Durchbruch auf dem Markt geschieht umso schneller, je präziser und stärker die Kräfte konzentriert werden.

In diesem Zusammenhang spielt die fortschreitende Digitalisierung von Geschäftsprozessen eine wichtige Rolle. Im Zuge der digitalen Transformation müssen die Unternehmen noch weiter denken, und zwar nicht nur in Partnerschaften, sondern vor allem in menschlichen Beziehungsnetzwerken. Das Networking mit Kunden bringt den entscheidenden Wettbewerbsvorteil. Ein ausgeprägtes Kooperations- und partnerschaftliches Beziehungsnetzwerk macht Unternehmen individueller und flexibler am Markt. Partnerschaften, Beziehungen und damit eindeutig der Mensch werden durch die *Clienting*®-Strategie in den Mittelpunkt des Handelns gestellt. Unternehmen müssen zukünftig, um erfolgreich zu sein, den Kunden und damit den einzelnen Menschen in den Fokus ihrer Handlungen stellen. Produktdenken wird so in Zukunft durch individuelles Kundendenken ersetzt werden.

Die Employer Clienting®-Strategie

Der Mitarbeiter im Unternehmen stellt eine äußerst wichtige Säule des *Clienting*® dar. Schließlich ist er der erste Kunde des Unternehmens.

Jeder einzelne Mitarbeiter ist Partner und Mit-Unternehmer. Der Mitarbeiter der Zukunft ist unabhängig, flexibel, kritisch und offen. Er bietet sein Wissen und Können an und ist somit ein Spezialist, dessen Dienste eine Firma durch die Einstellung in Anspruch nimmt. Das können sowohl Festangestellte als auch freie Mitarbeiter in einem Outsourcing-Verhältnis sein, die sich dann zu einer festen Gruppe zusammenfinden, die sich um ein Projekt kümmert. Dabei werden die Mitarbeiter in Funktion von »Mit-Unternehmern« immer daran denken müssen, wie sie als Unternehmer selbst denken. Früher haben sie das vermieden. Daher ist es auch notwendig, dass die Unternehmen eine entsprechende Transparenz schaffen. Man soll nicht durch sie hindurchgucken können, aber sie müssen auch unternehmerisches Denken vermitteln; so geht es beispielsweise nicht darum, immer »Everybody's Darling« zu sein, sondern ebenso um den Profit, der ein Unternehmen letztendlich am Leben erhält.

Die Arbeitsverhältnisse werden durch die digitale Transformation in Zukunft wesentlich kürzer – im Extremfall sind sie auf ein einziges Projekt beschränkt. Diejenigen, die schnell, flexibel, kompetent und erfahren im Umgang mit Menschen sind, haben die besten Erfolgschancen. Als eigener Mit-Unternehmer, der seine Fähigkeiten und sein Wissen einem Arbeitgeber anbietet, müssen sich diese Menschen ebenso von anderen Konkurrenten abheben wie Firmen untereinander – insbesondere hinsichtlich Effizienz, Zuverlässigkeit, Qualität, weniger über den Preis. Also wird auch für den digitalisierten Arbeitsmarkt das Thema Beziehungen oder schlechthin das *Employer Clienting*® eine enorme Bedeutung gewinnen. Da, wo die Mitarbeiterzufriedenheit hoch ist, ist automatisch auch die Kundenzufriedenheit hoch. Die Wertquelle Nummer eins in der digitalen Welt ist der Mensch.

Management, so wie wir es kennen, funktioniert nicht mehr. Wir müssen nach neuen Regeln leben, denken und arbeiten. Wir können nicht mehr beherrschen, bestimmen und befehlen. Wir können es nur noch koppeln. Es ist die Zeit der Wiederentdeckung der menschlichen Fähigkeiten, wie Vertrauen, Zuverlässigkeit und Authentizität. Die Zeichen stehen auf Mensch.

Hier setzt die *Employer Clienting*®-Strategie an. Das Konzept stellt den einzelnen Mitarbeiter in den Mittelpunkt des Managementprozesses und hat den Anspruch, dem Mitarbeiter ein Umfeld zu schaffen, in dem er seine eigenen Fähigkeiten und Ansprüche umsetzen kann. Dabei betrachtet sich die Führungskraft als Partner und Coach des Mitarbeiters, um gemeinsame Ziele zu erreichen. Ein Arbeitgeber, der seinen Teams nicht alle Möglichkeiten des individuellen Handelns bietet, verliert auf dem hart umkämpften Arbeitsmarkt automatisch an Boden. Wer möchte schon für ein Unternehmen arbeiten, das die Gelegenheit auf verbesserte Arbeitsqualität aus reinem Desinteresse ungenutzt lässt? Eine Geschäftsstrategie, die ignoriert, dass der Mensch im Mittelpunkt zukünftiger Geschäftserfolge steht, verspielt entscheidende Ressourcen: potenzielle Nachwuchskräfte, die eine langfristige und kreative Bereicherung für das Unternehmen sein könnten. Daher ist der Mitarbeiter in der digitalen Welt immer der erste Kunde. Dieser Perspektivenwechsel ist Herausforderung und Chance zugleich.

Die *Employer Clienting*®-Strategie verleiht Ihnen einen neuen Blickwinkel. Richten Sie den Fokus auf den Mitarbeiter als Individuum und gestalten Sie ein Umfeld, in dem er sich seinen Fähigkeiten entsprechend einbringt. So kann er sich für die Ziele des Unternehmens engagieren, ohne seine eigenen Ansprüche zu vernachlässigen. Das schlägt sich in erhöhter Mitarbeiterzufriedenheit nieder – ebenso wie in Projekten, die schneller, reibungsloser und lohnender zum Abschluss gebracht werden.

Employer Clienting® betrachtet eine Führungskraft nicht mehr als Vorgesetzten, sondern als Partner eines Mitarbeiters, der eine neue und konstruktive Beziehung zwischen Führung und Team implementieren will.

Keynotes, Vorträge, Seminare & Workshops

Seit 30 Jahren ist Edgar K. Geffroy mit seinem unermüdlichen Pioniergeist und seinen Vorträgen stets am Puls der Zeit, um Unternehmen neue Chancen aufzuzeigen und dabei gewohnte Denkmuster aufzubrechen. »Erfolge entstehen im Kopf!«, lautet seine Botschaft. Veränderung soll Spaß machen, die Menschen mitreißen, genau wie seine Vorträge und Seminare. Durch seine charismatische Art und mit einem wahren Feuerwerk an Ideen für neue Wege begeistert er jährlich Tausende Zuhörer und inspiriert zu unternehmerischem Neudenken. Edgar K. Geffroy erfand *Clienting®*, eine moderne Kundenlehre, die die Beziehung zum Kunden in den Mittelpunkt stellt. Zu verblüffen und nicht nur zufriedenzustellen, das ist sein Antrieb.

Der Top-Speaker mit über 4000 Auftritten vor fast 1 Million Zuschauern plädiert dafür, den Kunden und Mitarbeiter zum Mittelpunkt jeder Geschäftsstrategie zu machen: »Unternehmen, die überleben wollen, müssen umdenken und Erfolg neu definieren. Erst kommt der Mensch, dann das Geschäft.« Jetzt überträgt Edgar K. Geffroy die *Clienting®*-Strategie auf den Mitarbeiter, denn der ist immer der erste Kunde eines Unternehmens.

Das Seminar »Herzenssache Mitarbeiter«: So bewerben Unternehmen sich bei ihren Mitarbeitern

Unternehmen haben heute in vielen Fällen nicht realisiert, dass sie mit den Augen der Mitarbeiter völlig neu denken lernen müssen. Der Anspruch eines neuen Mitarbeiters ist heute ein ganz anderer als noch vor wenigen Jahren. Eine neue Generation von jungen, qualifizierten Nachwuchskräften erwartet von einer Firma heute mehr als nur Karrierechancen und Gehalt. Sie erwarten, sich engagieren zu können, selbstständig zu handeln und eigenverantwortlich Aufgaben zu übernehmen. Für sie geht es heute um »Quality Time« während ihres Arbeitslebens – und das wollen sie nicht an stupide Firmen verschwenden.

Ein nächster wesentlicher Trend verschärft die Entwicklung jetzt noch mehr: die digitale Welt. Sie hört nicht mehr an den Türen der Unternehmen auf, sondern ist wesentlicher Bestandteil unseres heutigen Lebens geworden. Es ist normal geworden, das zu tun, was man will, wann man es will, wie man es will und wo man es will. Das sorgt für neuen Zündstoff in den Unternehmen. Aber die Realität ist längst da.

Willkommen in einer Geschäftswelt, in der der einzelne Mensch im Mittelpunkt zukünftiger Erfolge steht: Die Neuentdeckung des Mitarbeiters als ersten Kunden in der digitalen Welt. Das ist Chance und Herausforderung gleichzeitig.

Employer Clienting® betrachtet eine Führungskraft nicht mehr als Vorgesetzten, sondern als Partner eines Mitarbeiters. Die Kernthesen lauten:

- Das *Clienting*®-Leadership-Prinzip: Der erste Kunde ist der Mitarbeiter
- Recruiting heißt verblüffen
- Aus Mitarbeitern müssen Partner werden
- Individualität trifft Wertschätzung
- Wichtig ist, Teams zu bilden und zu stärken
- Individuelle Fähigkeiten, die begeistern, stehen im Mittelpunkt
- Das »Geben-Prinzip« ist das Leitmotiv der Mitarbeiterführung
- Die sieben Schlüssel zum einzigartigen Mitarbeitererfolg sind mit *Clienting*®-Leadership möglich

Der Workshop: Die Mitarbeiter-Strategie

Während es früher reichte, eine Kundenstrategie zu haben, ist es heute erforderlich, eine eigene Mitarbeiterstrategie für die nächsten zehn Jahre zu entwickeln. Die entscheidende Frage lautet: »Wie werde ich zu einem Top-Arbeitgeber?« Die besten Gelegenheiten ergeben sich dann, wenn man die Grundregeln ändert. Das ist die Grundlage des Workshops, in dem gemeinsam mit den Teilnehmern eine individuelle Strategie entwickelt wird.

Informationen zu den Workshop-, Vortrags- und Seminar-Themen finden Sie auf unserer Website www.geffroy.com. Das Team Geffroy hilft Ihnen gerne bei weiteren Fragen weiter. Wir freuen uns auf Sie!

Geffroy GmbH
Großenbaumer Weg 5
40472 Düsseldorf
Tel.: + 49 (0) 211 / 40 80 97 - 0
Fax: + 49 (0) 211 / 40 80 97 - 26
E-Mail: team@geffroy.com

GABAL Dein Business Dein Leben Dein Erfolg

Dein Business

Aktuelle Trends und innovative Antworten auf brennende Fragen in den Bereichen Business und Karriere.

Kurt-Georg Scheible
Ausgereizt!
ISBN 978-3-86936-696-8
€ 24,90 (D)
€ 25,60 (A)

Matthew Mockridge
Dein nächstes großes Ding
ISBN 978-3-86936-692-0
€ 24,90 (D)
€ 25,60 (A)

Steffi Burkhart
Die spinnen, die Jungen!
ISBN 978-3-86936-691-3
€ 24,90 (D) / € 25,60 (A)

David Butler, Linda Tischler
Wachstum gestalten
ISBN 978-3-86936-690-6
€ 29,90 (D) / € 30,80 (A)

Thorsten Bosch
Führung made in Germany
ISBN 978-3-86936-662-3
€ 39,90 (D) / € 41,10 (A)
Nicht als E-Book erhältlich

Anne M. Schüller
Touch. Point. Sieg.
ISBN 978-3-86936-694-4
€ 29,90 (D) / € 30,80 (A)

Edgar K. Geffroy, Benjamin Schulz
Goodbye, McK... & Co.
ISBN 978-3-86936-664-7
€ 29,90 (D) / € 30,80 (A)

Dominic Multerer
Klartext
ISBN 978-3-86936-658-6
€ 24,90 (D) / € 25,60 (A)

E-Book **Alle Titel auch als E-Book erhältlich**

gabal-verlag.de

GABAL

Dein Business

Dein Leben

Dein Erfolg

Dein Erfolg

Erprobte Strategien, die Ihnen auf dem Weg zum Erfolg hilfreiche Abkürzungen bieten.

Ilja Grzeskowitz
Mach es einfach!

ISBN
978-3-86936-689-0
€ 19,90 (D)
€ 20,50 (A)

Svenja Hofert
Was sind meine Stärken?

ISBN
978-3-86936-693-7
€ 24,90 (D)
€ 25,60 (A)

Stephen R. Covey
Die 7 Wege zur Effektivität
ISBN 978-3-89749-573-9
€ 24,90 (D) / € 25,60 (A)

Bernhard Wolff
Titel bitte selbst ausdenken
ISBN 978-3-86936-697-5
€ 19,90 (D) / € 20,50 (A)

Devora Zack
Die Multitasking-Falle
ISBN 978-3-86936-663-0
€ 24,90 (D) / € 25,60 (A)

Steffen Kirchner
Totmotiviert?
ISBN 978-3-86936-657-9
€ 24,90 (D) / € 25,60 (A)

Paul Johannes Baumgartner
Das Geheimnis der Begeisterung
ISBN 978-3-86936-590-9
€ 24,90 (D) / € 25,60 (A)

Ilja Grzeskowitz
Das Veränderungs-Journal
ISBN 978-3-86936-666-1
€ 19,90 (D) / € 20,50 (A)
Nicht als E-Book erhältlich

E-Book **Alle Titel auch als E-Book erhältlich**

gabal-verlag.de

GABAL
WH!TEBOOKS

Whitebooks

Kompetentes Basiswissen für Ihren beruflichen und persönlichen Erfolg.

Martin Geiger
Schneller als die Konkurrenz
ISBN
978-3-86936-703-3
€ 19,90 (D)
€ 20,50 (A)

Katharina Maehrlein
Erfolgreich führen mit Resilienz
ISBN
978-3-86936-669-2
€ 19,90 (D)
€ 20,50 (A)

Andreas Buhr
Führungsprinzipien
ISBN 978-3-86936-702-6
€ 19,90 (D) / € 20,50 (A)

Hannelore und Markus F. Weidner
Anerkennung und Wertschätzung
ISBN 978-3-86936-705-7
€ 19,90 (D) / € 20,50 (A)

Lars Schäfer
Vertrauen im Verkauf
ISBN 978-3-86936-670-8
€ 19,90 (D) / € 20,50 (A)

Urs Altmannsberger
Profitabler Einkauf
ISBN 978-3-86936-706-4
€ 19,90 (D) / € 20,50 (A)

Martina Mangelsdorf
Von Babyboomer bis Generation Z
ISBN 978-3-86936-672-2
€ 19,90 (D) / € 20,50 (A)

Claudia Fischer
99 Tipps für erfolgreiche Telefonate
ISBN 978-3-86936-668-5
€ 24,90 (D) / € 25,60 (A)

E-Book
Alle Titel auch als E-Book erhältlich

gabal-verlag.de

In 30 Minuten wissen Sie mehr!

Kompetentes Wissen praxisorientiert und übersichtlich auf den Punkt gebracht.

Jedes Buch 96 Seiten, € 8,90 (D) / € 9,20 (A)

Dörthe Huth
30 Minuten Achtsamkeit
ISBN 978-3-86936-708-8

Hans-Georg Willmann
30 Minuten Arbeitszufriedenheit
ISBN 978-3-86936-677-7

Michael T. Wurster, Jörg Knoblauch, Werner Ziegler, Hanns Hub
30 Minuten Bewerben mit Profil
ISBN 978-3-86936-676-0

Nayoma Viktoria de Haen, Torsten Hardieß
30 Minuten Gewaltfreie Kommunikation
ISBN 978-3-86936-673-9

Svenja Hofert, Thorsten Visbal
30 Minuten Teams führen
ISBN 978-3-86936-711-8

Marieluise Noack
30 Minuten Umsetzungspower
ISBN 978-3-86936-709-5

Tobias Ain
30 Minuten Verkaufsgespräche
ISBN 978-3-86936-710-1

Markus Hornig
30 Minuten Lebensenergie
ISBN 978-3-86936-678-4

Alle Titel auch als E-Book erhältlich

gabal-verlag.de

ANZEIGE

Bei uns treffen Sie Gleichgesinnte ...

... weil sie sich für **persönliches Wachstum** interessieren, für **lebenslanges Lernen** und den Erfahrungsaustausch rund um das Thema Weiterbildung.

... und Andersdenkende,

weil sie aus unterschiedlichen Positionen kommen, unterschiedliche Lebenserfahrung mitbringen, mit unterschiedlichen Methoden arbeiten und in unterschiedlichen Unternehmenswelten zu Hause sind.

Auf unseren Regionalgruppentreffen und Impulstagen entsteht daraus ein **lebendiger Austausch**, denn wir entwickeln gemeinsam **neue Ideen**. Dadurch entsteht ein **Methodenmix** für individuelle Erlebbarkeit in der jeweiligen Unternehmenswelt.

Durch Kontakt zu namhaften Hochschulen erhalten wir vom Nachwuchs spannende Impulse, die in die eigene Praxis eingebracht werden können.

GABAL. wissen vernetzen

Das nehmen Sie mit:

- Präsentation auf den GABAL Plattformen (GABAL-impulse, Newsletter und auf www.gabal.de) sowie auf relevanten Messen zu Sonderkonditionen
- Teilnahme an Regionalgruppenveranstaltungen und Kompetenzteams
- Sonderkonditionen bei den GABAL Impulstagen und Veranstaltungen unserer Partnerverbände
- Gratis-Abo der Fachzeitschrift wirtschaft + weiterbildung
- Gratis-Abo der Mitgliederzeitschrift GABAL-impulse
- Vergünstigungen bei zahlreichen Kooperationspartnern
- u.v.m.

Neugierig geworden? Informieren Sie sich am besten gleich unter:

www.gabal.de/leistungspakete.html

GABAL e.V.
Budenheimer Weg 67
D-55262 Heidesheim
Fon: 06132/5095090,
Mail:info@gabal.de